System Verilog
による
FPGA/ディジタル回路
設計入門

［監修］
小林和淑
［共著］
小林和淑＋寺澤真一
吉河武文＋塩見 準
門本淳一郎

OHM
Ohmsha

はじめに

　ハードウェア記述言語（Hardware Description Language, HDL）は 1990 年後半から 2000 年初頭にかけて集積回路（Large Scale Integrated Circuit, LSI）や Field Programmable Gate Array（FPGA）の設計に使われはじめました．数 nm まで微細化し，1 チップに 100 億個ものトランジスタが集積される 2022 年現在の LSI を設計するには，HDL やそれ以上の抽象度をもつ動作記述言語（Behavioral Description Language, BDL）により，設計の抽象度を上げることが必須となっています．HDL により，回路設計者ならびにコンピュータに理解しやすい抽象度で LSI や FPGA 上に実装する回路をテキストで記述し，論理ゲートからなるネットリストに変換する論理合成技術は，大規模な LSI の設計には欠かせません．

　プロセッサ上のプログラムを記述するための C や Python などのプログラミング言語（ここでは HDL との対比でソフトウェア記述言語（Software Description Language, SDL）と呼びます）は，実行する動作を順番通り（Sequential）に記述すればよく，比較的学びやすい言語です．しかし HDL は，定期的に無限に供給されるクロック信号に同期して並列に動作するハードウェア（順序同期回路）を記述しなければならないため，難易度が高くなります．SDL では，言語仕様書（Language Reference Manual, LRM）に従って，文法エラーなく記述すれば，「動く」プログラムが作成できます．一方，HDL は LRM に従った文法エラーがない記述でも，シミュレーションはできますが正しく動作しないことや，ハードウェアにならないことが多々発生します．ハードウェアにはなりますがゲート数が大きく，所望の LSI や FPGA に入り切らないなどの事態も起こります．

　本書は，順序同期回路を SystemVerilog で記述し LSI や FPGA に実装したい設計者向けに，設計事例を元に解説することを目的としています．FPGA 向けには，市販予定の FPGA ボードに実装する方法も解説します．本書では SystemVerilog の文法を詳細に解説することはしません．巻末に掲載した参考文献の [1] に詳細に記載されていますので，そちらを参照してください．本書は論理合成を行うための RT レベル（Register Transfer Level,

RTL）のハードウェア記述方法を学ぶことを目的としています．RTL で不要と判断した SystemVerilog の文法には触れていません．

　本書の構成は次のようになっています．第 1 章では，SystemVerilog の歴史，基本的な文法，プログラムできるハードウェアである FPGA や，特定のアプリケーション専用の LSI である ASIC（Application-Specific Integrated Circuit）の概要を説明します．さらに SystemVerilog 記述から回路を自動合成するために用いる RTL 記述と論理合成技術について概説します．第 2 章では，SystemVerilog を使って，本書の設計対象としている FPGA ボード上に回路を実装する方法を図解します．第 3 章では，SystemVerilog を使ってディジタル回路を設計するのに必要な基礎知識を学びます．第 4 章では SystemVerilog を使って，実践的なハードウェアを記述する方法を学ぶのと同時に，設計検証に必要なシミュレーションを行うためのテストベンチの記述法を説明します．第 5 章では，無償で使える RISC-V アーキテクチャの互換プロセッサを FPGA ボードに実装します．第 6 章では，FPGA 向けとは異なる ASIC 向けの SystemVerilog 記述法を説明し，無償で利用可能な ASIC 設計環境を使った設計事例を紹介します．第 7 章では，SystemVerilog の元となった Verilog との相違点，陥りがちな記述の罠を解説します．

　本書で扱っている回路を実装するために，ヒューマンデータ社に新たな FPGA ボード EDA-012 を開発いただき，2023 年 5 月 31 日より，発売されています．本書の企画当初は，気軽に買える 5 千円くらいで FPGA ボードができないかと，ヒューマンデータ社の担当者に相談しましたが，昨今の部品不足や，さまざまな回路を実装するために，スイッチ，LED，7 セグメント LED などを多数搭載したこともあり，発売時の価格は税込み 32450 円となっています．個人で気軽に買うには少し高いかもしれませんが，大学，高専の学生実験であれば，十分に買い揃えられる価格に抑えられています．

　本書に含まれている SystemVerilog のソースコードは本書のサポートサイトよりダウンロード可能です．下記の URL にアクセスしてください．

https://github.com/ohmsha/SystemVerilogNyumon

2023 年 9 月

小 林 和 淑

目　　次

第3章　ディジタル回路入門　　　53

第4章　SystemVerliog による順序回路 89

第5章　SystemVerilog によるプロセッサの設計と実装 117

第6章　SystemVerilog による ASIC 設計　　147

第7章　SystemVerilog と Verilog HDL の対比と記述の罠　161

## 第 1 章

SystemVerilog とは

本章では，SystemVerilog を学ぶ導入として，その歴史，基本的な文法，シミュレーション方法を説明します．その後，FPGA や ASIC 上で動作するディジタル回路を論理合成するための RTL 記述について学び，FPGA と ASIC の構造について簡単に説明し，FPGA/ASIC 向けの論理合成ツールについて述べて締めくくります．

1.1　SystemVerilog の歴史

　ハードウェア記述言語（HDL）は，C 言語などのソフトウェア記述用の高級言語と同じく，高い抽象度でハードウェアの動作を記述することを目的に開発されました．現在広く普及しているのは，論理シミュレータ用の記述言語から発展した Verilog HDL とその発展形である SystemVerilog，ハードウェアの仕様を記述することを目的に米国の国防総省の主導で標準化された VHDL（Very High-Speed Hardware Description Language）です．VHDL が規格化された当初は VHDL が優勢であった時期がありましたが，その仕様の固さが嫌われたのか，本書執筆時の 2020 年代初頭においてはサポートしている EDA（Electronic Design Automation）ツールの豊富さから Verilog HDL/SystemVerilog が優勢です．

　Verilog は，大手 EDA ベンダーの Cadence 社に買収された Gateway Design System 社が開発していた論理シミュレータの名前であり，そのシミュレータ用の記述言語が基になっています．VHDL に対抗して，Cadence 社は Verilog の仕様を一般公開しました．Verilog の仕様のうち，ハードウェア記述に関する部分を Verilog HDL と呼びます．Verilog は，2001 年に generate 文や signed をサポートした Verilog 2001，さらに拡張された SystemVerilog が規格化され，現在に至っています．Verilog はシミュレーションを行う言語が基になっているため，当初は論理合成向けの同期回路の決まった記述法は存在していませんでした．論理合成用の EDA が発売され始めた 1980 年代後半から 1990 年代中盤には，Verilog に準拠したさまざまな論理合成用の同期回路記述法が各 EDA ベンダーにより提案されまし

た．その中で群を抜いてわかりやすく，使いやすかったのが Synopsys 社の論理合成ツール
の Design Compiler（DC）です．そのためもあってか，DC はまたたく間に論理合成ツー
ルのデファクトスタンダードとなりました．Synopsys 社は DC から始まった会社ですが，
今ではほとんどすべての分野の EDA ツールを販売する大手 EDA ベンダの一つとなってい
ます．

　Verilog HDL は前述の通りシミュレーションをするための言語から発展したこともあり，
論理合成するための記述方法が曖昧である欠点がありました．入力によって出力が一意に
決まる組合せ回路を記述したつもりでも，書き方によって値を一時的に記憶するラッチが
生成されたりします．その曖昧さを解消するために，SystemVerilog が標準化されました．
しかし，Verilog HDL とは上位互換性があるため，その曖昧さが完全に解消されたわけで
はありません．Verilog HDL/SystemVerilog でハードウェアを書くときに気を付けなけれ
ばならないことは次のとおりです．

　　　文法を守りシミュレーションもできるが，ハードウェア記述としては正しくなく，論
　　　理合成できないか，論理合成できても動作しないことがある．

この事例は 7.2 節で詳しく説明します．
　ソフトウェアを書くためのプログラミング言語では，コンパイルさえ通れば，プログラ
ムの良し悪しやバグはあるにせよ実行可能となります．HDL ではそうではないのが，難し
いところです．

☕ *Column*　VHDL

　筆者は，VHDL で記述された FPGA 向けのディジタル回路を ASIC（Application
Specific Integrated Circuit）向けに書き換えて ASIC にするという研究プロジェクトを
実施しています．VHDL も触ったことはありましたが久しぶりでどうなるかと心配し
た反面，Verilog よりも記述の自由度が低いため ASIC への置き換えは簡単かなと楽観
視していました．しかし，蓋を開けてみると，FPGA ベンダのツールでは問題なく論理
合成できるのに，そのままでは ASIC 向けの論理合成ツールで通らないという事象に遭
遇しました．VHDL も SystemVerilog も LRM（Language Reference Manual）で詳細
にその意味が説明されていますが，それを解釈して論理合成ツールを作るのはあくまで
も技術者（人間）であるため，その解釈に相違が生じ，この問題を生んでいるのが現状
です．本書の記述は，Intel 社の QuartusPrime では問題なく論理合成できることを確認

していますが，読者の方で，ASIC 向けでは駄目な記述を発見されましたら，ぜひとも筆者もしくは出版社にご一報ください．

1.2　SystemVerilog の基本

SystemVerilog の回路記述は module で始まり，endmodule で終わります．C 言語などの多数の言語と同じく，各記述の切れ目はセミコロン（ ; ）です．C 言語との最も大きな違いは中括弧（ { } ）です．C 言語では複数の文をまとめるのに中括弧を使いますが，SystemVerilog では begin と end を使います．本書では begin と end に囲まれた領域を "ブロック" と呼びます．

module の次は，module の名前となり，その後の括弧内に，入出力ピンを列挙していきます．入力ピンは input，出力ピンは output，入出力（双方向）ピンは inout となります．input/output の後の logic は SystemVerilog では data type と呼ばれる信号値の取る値により分類されるキーワードです [10]．logic で定義された信号は，ディジタル値である 0 と 1 のほかに，不定値を表す x，ハイインピーダンス状態を表す z の四つの値を取ります．本書で扱うのはディジタル回路のため，すべて logic で定義します．

Verilog では，中括弧は複数の信号を一つにまとめる結合に使われます．プログラム 1.1 は begin/end と中括弧の使用例です．中括弧により，出力信号 OUT には，上位ビットから REGA，REGB が接続され，OUT[1]=REGA，OUT[0]=REGB となります．

プログラム 1.1　中括弧と begin/end

```
1  module testmodule(input logic A, B, CK, RB, output logic [1:0] OUT);
2    logic REGA, REGB;
3    always_ff @(posedge CK or negedge RB)
4      if(RB == 0)
5        begin
6          REGA <= 0;
7          REGB <= 0;
8        end
9      else
10       begin
11         REGA <= REGB;
12         REGB <= A&B;
13       end
14   assign OUT = {REGA, REGB};
15 endmodule
```

　プログラム 1.2 は組合せ回路である 8 ビットの加算器の SystemVerilog 記述の一例です．組合せ回路は always_comb のブロック内に記述します．ブロック内は単文のため，begin/end は不要ですが，書かないと記述を修正する際に忘れてしまい，意図しない記述となることがあります．単文でも begin/end を忘れずに書くようにしてください．

プログラム 1.2　加算器

```
1  module adder (input logic [7:0] a,b, output logic [7:0] c);
2    always_comb
3      begin
4        c = a + b;
5      end
6  endmodule
```

　プログラム 1.3 は 1 ビットのクロック信号を有し，記憶をもつ D フリップフロップ（D Flip-Flop，DFF）[*1] の SystemVerilog 記述の一例です．順序回路には，クロックの立ち上がりエッジ（posedge）もしくは立ち下がりエッジ（negedge）のみで，入力 D を取り込むエッジトリガ型 FF と，クロックが 1 もしくは 0 のときには値を保持し，クロックが逆の値のときには出力が入力に追従するラッチがあります．第 3 章でその詳細を説明します．

プログラム 1.3　フリップフロップ

```
1  module flipflop (input logic D, CK, output logic Q);
2    always_ff @(posedge CK)
3      begin
4        Q <= D;
5      end
6  endmodule
```

🍵 *Column*　Verilog との出会いから HDL へ

　筆者が最初に Verilog に触れたのは，修士 1 年の 1992 年頃です．筆者の所属していた研究室は，当時はそれほど広く使われていなかった Cadence 社の EDA ツールをいち早く導入しており，レイアウトエディタでトランジスタレベルの回路図を書いて手設計でレイアウトを書いて，LSI の試作も行っていました．シミュレーションはトランジスタレベルのシミュレータとして有名な SPICE 互換のシミュレータ hspice を使っていました．当時の計算機の性能は RISC 型プロセッサの登場により，それまでの CISC

---

*1　DFF の詳細は 3.4.2 項で説明します．

型プロセッサと比べて桁違いによくなっていましたが，SPICE でのチップ全体の動作確認は無理でした．1995 年に初めて国際会議で発表した論文を見てみましたが，試作プロセスは 1.2 µm で，トランジスタ数はたった 59 000 です．試作したのは今でいう Computing-in-Memory（CIM）のチップで，基本ブロックさえレイアウトすれば後は並べるだけのため，なんとか試作にこぎつけました．

　そこで目をつけたのが Cadence 社の論理シミュレータ Verilog-XL です．1990 年代前半から中盤はインターネットはあったものの，送れるのはテキストベースの電子メールくらいで，PDF すらない時代で，ドキュメントはすべて製本されたものです．筆者のオフィスには，ボロボロになった 1992 年版の Verilog-XL のマニュアルがまだ置いてあります．そのマニュアルを読みながら，CIM の動作を Verilog で記述し，論理シミュレーションをしたことを今でも覚えています．まだ，Verilog による論理合成技術も一般化されていなかったため，当時の指導教員の伝手で入手した PC98 で動く NEC 製のツールで，制御ロジックの論理合成を行いました．

　その後，Synopsys 社の Design Compiler も導入し，記述例を参考にしながら，Verilog での論理合成により，LSI の設計も行いました．

1.3　シミュレーション

　設計した回路が正しく動作するかをコンピュータ使って検証することをシミュレーション，そのためのソフトウェアをシミュレータと呼びます．

　Verilog では，ゲートレベル以上の論理レベルのシミュレーション（論理シミュレーション）を行います．論理シミュレーション時には，検証したい回路に入力信号を与えて出力を観測するためのテストベンチを使用します．SystemVerilog では，program というテストベンチを生成するための予約語が定義されていますが，always が使えないなどの制限があるため，本書では program の説明を省略します．テストベンチは入出力をもたない module として定義します．

　たとえば，プログラム 1.3 の D フリップフロップ（DFF）のテストベンチの一例をプログラム 1.4 に示します．always を使って無限に 0 と 1 を繰り返すクロック信号を生成します．initial 文によりシミュレーションの実行時間が 0 となり，begin と end で囲ったブロック内の記述が順に実行されていきます．ただし，#【時間】により時間を進めていかないと，

いつまで経ってもシミュレーションしている時間は 0 のままです. #で指定する時間の単位を`timescale で指定します. $monitor で入出力信号の観測をします. $monitor は括弧内に記述した信号のいずれかが変化すると実行されます. $finish でシミュレーションは終了します. ここでは, 次のターミナルを使ったシミュレーション用に $finish を使っています. しかし, 本書で推奨しているシミュレータの ModelSim の GUI を使ったシミュレーションでは $finish を使うと, GUI 自体が終了してしまいます. GUI 向けのテストベンチでは $finish の代わりに, $stop を使います.

プログラム 1.4　フリップフロップのテストベンチ

```
1  `timescale 1ns/1ns // シミュレーションの時間単位を指定
2  module test_flipflop;
3    logic D, CK, Q;
4    always #50 // クロックの定義
5      begin
6        CK = ~CK;
7      end
8    initial
9      begin
10       $monitor("t=",$realtime,":CK=",CK,",D=",D,",Q=",Q);
11       // 入出力の観測
12       D = 0;CK = 0;// 入力の初期値設定
13       #100 D = 1; // 100 ns
14       #100 D = 0;
15       #100 $finish; // シミュレーションを終了
16      end
17    flipflop FF(.*); // .*で同じ信号名を接続
18  endmodule
```

シミュレーションを行うにはテストベンチと回路記述を引数として Verilog シミュレータに与えて実行します. ここでは, ModelSim を使用します. 次のとおりにコマンドを実行します.

```
% vlog -logfile test_flipflop_compile.log test_flipflop.sv flipflop.sv
% vsim -c work.test_flipflop -do "run -all; quit;" -logfile test_flipflop_run.log
```

先頭の % は ModelSim を実行する Linux のターミナルでのプロンプトで, 入力する必要はありません. ModelSim をインストールした Windows のコマンドプロンプト[*2]でも同じコマンドで実行できます. ここでは, 説明を省くために, ターミナルで実行しています. 第

*2　Windows 11 では, ターミナルからコマンドプロンプトや PowerShell を起動できます.

2章では，GUIを使ったシミュレーションの方法を説明しますので，ここではシミュレーションの概要を知ってもらうだけで結構です．

シミュレーションを実行した結果をプログラム 1.5 に示します．t=0 では，D フリップフロップ（DFF）は初期化されていないため，Q は不定値 x となりますが，t=50 でクロック（CK）が立ち上がり，D=0 が取り込まれ Q=0 となります．その後はクロックの立ち上がりごとに入力 D が Q に取り込まれます．

プログラム 1.5 フリップフロップのシミュレーション結果

```
#  run -all
# t=0:CLK=0,D=0,Q=x
# t=50:CLK=1,D=0,Q=0
# t=100:CLK=0,D=1,Q=0
# t=150:CLK=1,D=1,Q=1
# t=200:CLK=0,D=0,Q=1
# t=250:CLK=1,D=0,Q=0
# ** Note: $finish    : test_flipflop.sv(15)
#    Time: 300 ns  Iteration: 0  Instance: /test_flipflop
```

GUI を使ったシミュレーションでは，テストベンチの準備は必要ですが，ボタンのクリックだけで，その場で 0/1/x の波形が確認できます．

🫖 *Column* ブラウザでシミュレーション

SystemVerilog のシミュレータは，FPGA ベンダが無料で使えるものを配布してくれていますが，そのインストールは結構面倒です．

edaplayground（https://www.edaplayground.com/）という Web サイトで，ブラウザを使ってシミュレーションをすることができます．シミュレータも本書で使っている Siemens 社の ModelSim の後継である Questa に加えて，Cadence 社の Xcelium, Synopsys 社の VCS など，商用のものが利用できます．

また，Playground として，他のユーザの書いた HDL コードを参照することもできます．筆者も，学部の授業の Verilog シミュレーションには edaplayground を利用しています．

1.4　**RTL 記述と論理合成**

　RTL とは，先に述べた通り，Register Transfer Level の略です．HDL を使ってクロック
に同期したディジタル回路を記述するときに使う記述の抽象度のことを指します．Register
（レジスタ）はプロセッサ内の一時データを格納するための記憶装置として知られています
が，ここでは，フリップフロップの集合を意味します．

　HDL を RTL で記述し論理合成することにより，NAND ゲート，インバータ，フリップ
フロップなどからなる順序同期回路[*3]のネットリストが出力されます．このネットリスト
が FPGA や ASIC の物理レベル設計に使われます．ASIC とは，アプリケーションに応じ
て設計された専用 LSI のことを指します．

　たとえば，先に示したプログラム 1.3 は 1 ビットの DFF の RTL 記述です．プログラム
1.2 の加算器は組合せ回路であり，レジスタは含まれていませんが，本書ではこのような記
述も論理合成可能な RTL 記述として取り扱います．

　実際は DFF のみを RTL として設計することはめったになく，DFF と組合せ回路からな
る順序同期回路を生成するための RTL を設計します．RTL 記述には，フリップフロップ
を論理合成するための記述と組合せ論理回路を合成するための記述が混在しています．

　図 1.1 はレジスタに格納されている値に 1 を足すか，外部入力 IN をレジスタに代入する
かを入力信号 LOAD により切り替えるロード付きカウンタの回路ブロック図です．プログ
ラム 1.6 にその SystemVerilog 記述の一例を示します．LOAD の値により条件分岐を行い，
COUNT に代入する値を切り替えています．COUNT はカウンタの値を記憶するとともに，出
力ピンでもあります．

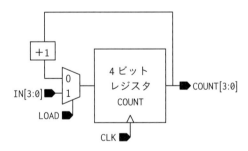

図 1.1　ロード付きカウンタ

---

*3　順序回路の詳細は 3.4 節で説明します．

プログラム 1.6　ロード付きカウンタ

```
1  module LCOUNTER(output logic [3:0] COUNT, input logic IN,CK, input logic [3:0] LOAD
     );
2    always_ff @(posedge CK)
3      if(LOAD == 1)
4        COUNT <= IN;
5      else
6        COUNT <= COUNT + 1;
7  endmodule
```

1.5　FPGA と ASIC

本節では，プログラムできるハードウェアである FPGA と，あるアプリケーション専用
の LSI である ASIC について概説します．

1.5.1　FPGA の内部構造

FPGA は一言でいうと「プログラムできるハードウェア」です．初期の FPGA は，図 1.2
に示すとおり，可変論理を実現する論理ブロック（Logic Block, LB），配線の接続を可変に
するスイッチブロック（Switch Block, SB），接続ブロック（Connection Block, CB）と網
目状の配線トラックから構成されていました．LB は，図 1.3 に示すとおり，ルックアップ

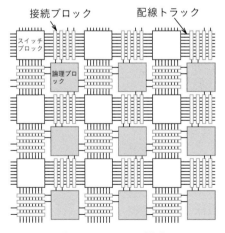

図 1.2　FPGA の構造

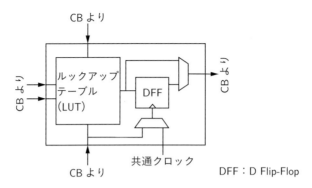

図 1.3　ロジックブロック（LB）の構造

テーブル（Look-Up Table, LUT），DFF と切り替えを行うためのセレクタから成り立っています．LUT は図 1.4 に示すとおり，1 ビットの SRAM（Static Random Access Memory）とセレクタから構成されています．真理値表をそのまま SRAM の記憶値とすることで任意の論理関数を実装することができます．図 1.4 は 3 入力の LUT ですが，初期の FPGA では 4 入力，最新の FPGA では 5 入力や 6 入力の LUT が用いられています．

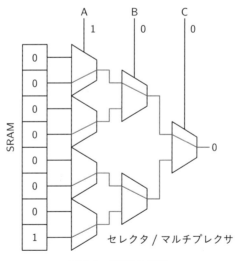

図 1.4　LUT の構造

　FPGA に実装する回路を設計するのに，FPGA の構造を詳細に知る必要はありません．HDL で記述すれば，論理合成により FPGA の構造に合わせたネットリストが出力されるからです．ASIC 設計用の HDL と，ほぼ同じ RTL 記述を FPGA に実装することができます．
　最新の FPGA には，図 1.2 に示す基本構造のほかに，メモリを実装するためのブロック

RAM（Block RAM, BRAM），高速なクロック信号を生成する PLL（Phase-Locked Loop），
DSP（Digital Signal Processor），CPU（Central Processing Unit）などのハード IP（Intellectual
Property，あらかじめ作り込まれたハードウェア部品）が搭載されており，1 チップで組込
みシステムを実装することができます．

　FPGA 内の IP をうまく使うためには，FPGA 向けの RTL 記述としなければならないこ
ともあります．そのように FPGA 向けに作り込まれた RTL 記述は，そのままでは ASIC 向
けには使えないこともあります．

1.5.2　プログラム方法による FPGA の分類

　論理ブロックや配線にプログラム（FPGA ではコンフィギュレーションと呼びます）を
書き込む方式で FPGA を分類すると，以下の 3 種類に大別されます．

- SRAM などの揮発性メモリに書き込む
- EEPROM などの不揮発性メモリに書き込む
- 電圧をかけて，アンチヒューズを短絡させる

　EEPROM（Electric Erasable Programable Read Only Memory）は，一定回数の書換えが
可能で，電源を切ってもその内容を保持する不揮発性のメモリです．SRAM は，何度でも
書込可能ですが，電源を切ると書き込んだ内容を忘れてしまう揮発性のメモリです．アン
チヒューズとは，ヒューズの逆で，電流を流すことで電気的に短絡するヒューズのことで
す．一度短絡したヒューズは二度と元に戻らないので，1 回しか書込みをすることはでき
ません．表 1.1 に FPGA のプログラム方式による各種の特性をまとめます．

表 1.1　プログラム方式による FPGA の特性分類

プログラム方式	再書込み	不揮発性	動作速度	冗長度
SRAM	○	×	遅い	大
EEPROM	○	○	中	中
アンチヒューズ	×	○	速い	小

　表 1.1 の冗長度とは，プログラムするために要する回路の大きさのことです．アンチ
ヒューズ方式は再書込みはできないものの，配線をヒューズのみで構成できます．SRAM
方式だと，配線の接続変更は，トランジスタで構成されたスイッチにより行われます．ト
ランジスタによるスイッチは，アンチヒューズに比べて信号の通過するスピードが遅く，動

作速度を上げる上での妨げとなります．コンフィギュレーションを保存する SRAM もトランジスタ 6 個で構成されるため，回路の面積も大きくなります．

本書で扱う FPGA は SRAM 型です．SRAM 型 FPGA は，Xilinx 社によりその基本構造が提案されました．Xilinx 社と同じく SRAM 型 FPGA を製造販売しているのが Intel 社（旧 Altera 社）です．Intel 社は 2015 年に Altera 社を買収し，自社の工場で FPGA を製造しています．2022 年，Xilinx 社は，Intel 社互換の CPU を設計・販売している AMD 社に買収されました．Xilinx 社も AMD 社も自社工場をもたないファブレスと呼ばれる企業で，製造のほとんどを台湾の TSMC 社で行っています．Intel 社は Altera のブランド名を完全に Intel に置き換えました．Xilinx もそのうち AMD に置き換わるかもしれません．

1.5.3 ASIC

FPGA は，少量生産の製品向けに使われており，集積回路製造技術の微細化に伴い，相当大規模なシステムを組み上げることができるようになりました．しかし，ある一定数以上の需要が見込まれる場合は専用の ASIC を作ることで，製品のコストを下げられるばかりか，低消費電力化，高速化にもつながります．ASIC の代表例として，ここでは Apple の iPhone シリーズ向けの AXX（XX は数字）を挙げておきます．Android を OS とするほとんどのスマートフォンは，プロセッサメーカなどが設計・製造した標準的な LSI（Applicaion-Specific Standard Product，ASSP）を搭載しています．一方，Apple 社は OS とハードウェアを一体として自社開発する強みを活かして専用の ASIC を設計し，性能や消費電力で Android スマートフォンを凌駕しています．

AXX シリーズの ASIC は，プロセッサ，メモリ（SRAM），ハードワイアードロジックなどからなり，1 チップでシステムを実現できる SoC（System on a Chip）です．RTL 記述から論理合成するのは，主にプロセッサとハードワイアードロジックの部分です．SRAM は，ASIC を実装するのに使用するファブ（半導体製造工場をもつ会社）から提供される IP です．

ASIC 上では，HDL で記述した回路はスタンダードセルと呼ばれる規格化された大きさで設計されたインバータ，NAND ゲート，フリップフロップなどの論理ゲートを使って実装されます．設計の自由度が大きく，FPGA と比べて，面積，消費電力ともに抑えることができます．しかし，ASIC の製造には，マスクと呼ばれる ASIC ごとに必要な図版が必要で，この製造費用が製造技術の微細化に伴い高騰しており，少量の製品には適用できません．

　FPGA 向けの RTL 記述を ASIC 向けに修正するには，IP の置換えが必要となります．ただし，FPGA で利用できる IP が ASIC には用意されていなかったり，互換でない場合もありますので，書換えが多岐にわたることもあります．

　Intel 社は自社で製造設備をもっているという強みを活かして，FPGA で実装した回路をほぼそのまま ASIC 化できる eASIC と呼ばれるサービスを展開しています．

🫖 *Column*　FPGA 向けの記述と ASIC 向けの記述

　FPGA 設計者が書く SystemVerilog は定義時に初期値を与えたりすることもあってか，ソフトウェア的な書き方になることが多いようです．HDL に習熟している技術者が少なく，どうしてもソフトウェアのスキルの高い技術者が HDL を書くことが多いことも大きく影響しているかなと感じています．SNS で，FPGA 向けの SystemVerilog は Python で，ASIC 向けの SystemVerilog は C 言語みたいと呟いてみたところ，結構賛同が得られました．

1.5.4　ASIC/FPGA の論理合成ツールと設計フロー

　ASIC 向けの論理合成ツールは 1.1 節で説明した Design Compiler（DC）が業界標準となっています．DC は有料ですが，大学・高専などの教育機関は，教員から東京大学大学院工学系研究科附属システムデザイン研究センター基盤設計研究部門（通称 VDEC，http://www.vdec.u-tokyo.ac.jp）に申し込むと，少額の負担で利用することができます．

　一方，FPGA 向けの論理合成ツールは，FPGA ベンダが無償で配布しているツールに標準で含まれています．本書で取り扱う小規模な FPGA であれば，追加の有償ライセンスを取得することなく，使用することができます．教育機関であれば FPGA ベンダに依頼することにより，大規模な FPGA にも対応可能なライセンスを無償で取得することもできます．FPGA 向けの無償ツールには，SystemVerilog よりも抽象度を高い C 言語に似た動作記述言語（Behavioral Description Language，BDL）記述から RTL を生成することのできる高位合成ツールも同梱されています．

　図 1.5 に，FGPA 向けと ASIC 向けの設計フローの概略図を示します．FPGA 向けでは，図 1.2，1.3 に示した通り，ロジックブロック内の LUT を用いて組合せ回路を実現すべく論理合成が実施されます．一方，ASIC 向けでは，インバータ，NAND ゲートなどの ASIC 向けに用意されてる論理ゲートを用いて論理合成が実施されます．論理合成後はどちらも

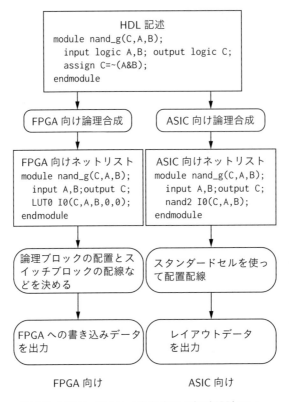

HDL 記述
module nand_g(C,A,B);
  input logic A,B; output logic C;
  assign C=~(A&B);
endmodule

FPGA 向け論理合成　　ASIC 向け論理合成

FPGA 向けネットリスト
module nand_g(C,A,B);
  input A,B;output C;
  LUT0 I0(C,A,B,0,0);
endmodule

ASIC 向けネットリスト
module nand_g(C,A,B);
  input A,B;output C;
  nand2 I0(C,A,B);
endmodule

論理ブロックの配置とス
イッチブロックの配線な
どを決める

スタンダードセルを使っ
て配置配線

FPGA への書き込みデータ
を出力

レイアウトデータ
を出力

FPGA 向け　　　　　　　ASIC 向け

図 1.5　FPGA 向けと ASIC 向けの概略設計フロー

配置配線が行われますが，FPGA ではあらかじめ FPGA 内に用意されている論理ブロック
のどこに割り付けて，スイッチブロック，接続ブロックをどのように構成するかを決めま
す．一方，ASIC 向けは，スタンダードセルと呼ばれる高さの揃った論理ゲートを配置して
から配線を行います．FPGA 向けの設計フローは第 2 章で，ASIC 向けの設計フローは第
6 章で詳しく説明します．

🍵 *Column*　**筆者と FPGA の出会い**

　FPGA というプログラムできる LSI があるという情報を，筆者が初めて聞いたのは
1990 年代の中頃だったでしょうか？　QuartusPrime の前身である Altera 社の Quartus
II を Windows や Linux にインストールして使ってみました．

　当時の Quartus II は Verilog での論理合成には対応しておらず，論理合成は，Design
Compiler で行い，Quartus II で FPGA にマッピングしていたと記憶しています．なにか

よい FPGA ボードはないかと，電子機器関連の展示会に足を運んだところ，三菱電機マイコン機器ソフトウエア（MMS，現在は三菱電機ソフトウエア）の PowerMedusa を見つけました．どの展示会かを MMS の宮澤氏に問い合わせたところ，1997 年の Altera PLD World だったとのことです．

10 キーや，7 セグメント LED などが搭載されており，Verilog を使ってディジタル回路をインプリするのに最適だと，1 台買ってみました．ちょうど，大規模集積システム設計教育研究センター（VDEC）が立ち上がったところで，リフレッシュ教育（現リフレッシュセミナー）という社会人，学生向けの講習会で Verilog と FPGA を使った演習をやるように依頼がありました．

PowerMedusa には 10 キーが備え付けられていたことから電卓がよいと判断し，1 から電卓の Verilog HDL を書き，それをもとに，当時の VDEC の浅田邦博センター長監修で，現立命館大学教授の越智裕之先生，現東京大学教授の池田誠先生と，筆者（現京都工芸繊維大学教授の小林）の 3 名で『ディジタル集積回路の設計と試作』（培風館）を 2000 年に出版しました．この本は残念ながら現在絶版で手に入りませんが，Verilog HDL で FPGA 上に同期回路を実装することを解説した日本で最初の書籍だと認識しています．

創業当時はベンチャー企業だった Altera 社と Xilinx 社は，工場をもたないファブレス企業として成長を続け，それぞれ PC/サーバ用のプロセッサメーカ大手の Intel 社と AMD 社に買収されたのは感慨深いものがあります．

1.6　まとめ

本章では，SystemVerilog の基となったディジタル回路のシミュレーションを行うことを目的に開発された Verilog についての概説を行ったあと，その基本的な文法を説明するとともに動作検証を行うためのシミュレーションとは何かを説明しました．

ディジタル回路はアナログ回路と異なり，0 か 1 の値しか取らないため，連続値を取るアナログ回路と比べて，シミュレーションは高速に走ります．SystemVerilog を用いてディジタル回路を設計するには，回路中に存在するフリップフロップの集合であるレジスタが，クロックごとにどのように動作するかを記述する RTL と呼ばれる記述スタイルを取ります．FPGA 向け，ASIC 向けにそれぞれ記述をカスタマイズすることもありますが，RTL

記述は論理合成により，そのどちらの回路も生成できるポータブルな記述方法です．

🫖 *Column* 　安価な FPGA ボード

　本書に記載の HDL を実装する FPGA ボードとして，ヒューマンデータ社の EDA-12 を使っています．「はじめに」にも書きましたが，3 万円と気軽に買えません．大学生協で発注できるマルツパーツの Web ページで検索したところ，1 万円程度で買える FPGA ボードとして，Xilinx 社の FPGA を搭載した台湾の Digilent 社の Cmod シリーズがあります．本書は Intel 社の FPGA を対象としているため，ツールの使い方は異なりますが，同じ RTL コードで，Xilinx 社の FPGA にも回路を実装できます．ただし，Cmod シリーズは LED4 個と，プッシュスイッチ 2 個しか付いていないため，本書に記載の回路をそのまま実装することはできません．Digilent 社はそのほかにも，組込み Linux が動作する FPGA ボードも数万円でラインアップしており，Linux で制御するようなハードウェアを FPGA に実装する場合に便利です．

## 第2章

FPGAへの実装入門

本章では，SystemVerilog で記述した論理回路を市販の FPGA ボードに実装し，動作確認する方法を学びます．論理回路を FPGA に実装しただけでは動作せず，その FPGA が搭載されたボードの仕様に合わせて設定を行う必要があります．これらを踏まえ「動くもの」の体験を行うことを目的とします．

2.1 実装するために

前章で説明の通り，FPGA は「プログラムできるハードウェア」です．また，実装時には，FPGA と FPGA の搭載されている基板の配線と「接続する」という作業が必要となります．ここがマイコンとの大きな違いです．

2.1.1 実装に向けての作業とは

FPGA 回路の開発フェーズをおおまかに示します．

① 仕様書作成：要求される仕様を理解し，正確かつ速やかに回路設計ができるように仕様書を作成します．
② 回路設計：仕様書をもとに HDL や回路図などを使って回路を設計し，開発ツールを使って入力作成します．
③ シミュレーション：作成した回路の動作確認をシミュレーションします．
④ 制約の設定：作成した回路を実装するボードのインタフェース（I/F）に合わせて，I/O ピンの割り当てや動作速度のタイミング設定など，回路実装を最適な状態にします．
⑤ コンパイル：設計した回路を実装可能な論理回路に変換します．
⑥ 実機検証：製品，もしくは，FPGA 評価ボードなどで動作確認を行います．

本章は，この中の②〜⑥に該当します．

2.1.2　I/O ピン割り当ての必要性

図 2.1 に示すようなプッシュスイッチを押すと LED が点灯し，放すと消灯する回路を例に考えましょう．

この回路では LED に電流を流すことで LED が点灯しますが，この回路を FPGA で実現する場合は FPGA 内に実装された回路はどのピンにスイッチと LED が接続されているのか設計者が明示的に指定しなければなりません．

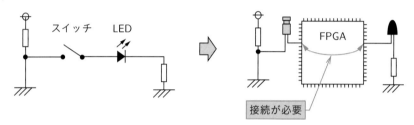

図 2.1　回路から FPGA へ

この回路を SystemVerilog で記述するとプログラム 2.1 に示すコードになります．ここで input の SW（スイッチ）と output の LED を FPGA のどのピンに接続するのかを指定する行為を I/O ピン割り当て，または，ピンアサインと呼んでいます．

プログラム 2.1　SystemVerilog 例

```
1  module LED_SW1(
2    input logic SW,
3    output logic LED
4  );
5  always_comb begin
6    LED = SW;  // 組合せ回路で接続
7  end
8  endmodule
```

ピンアサインは SystemVerilog コードとは別に設定ファイルにて指定するのが一般的で，この設定ファイルは使用するツールに依存します．

☕ *Column* FPGA 回路の更新

　FPGA が「Field Programmable Gate Array」の略称であることは第 1 章で述べましたが，この言葉を直訳すると「現場で書換え可能な論理回路の配列」となります．パソコンやスマートフォンなどでは，プログラムの更新を行うのは普通のことですが，実は，FPGA も回路の更新がこっそりと行われています．

　放送波を受信できる装置ではオンエアダウンロード，インターネットに接続している装置ではインターネット経由，通信装置に接続されていないような産業用装置ではサービスマンがメンテナンスを行うときに回路の更新を行い，常に最新の状態でユーザーに使用してもらえるよう，各メーカーは日々努力をしています．

2.1.3　実装ボード

　本書の実装ボードには，ヒューマンデータ社製の EDA-012 を使用します．

図 2.2　EDA-012 外観

2.1.4　EDA-012 の概要

　FPGA の 2 大メーカである Intel 社製 FPGA を搭載し，税込 3 万円代という価格が魅力のボードです．また FPGA への書込みに高価なダウンロードケーブルを使用せず，付属の USB ケーブルと無償のアプリケーションでダウンロード可能であるため使い勝手がよく，本書で使用することにしました．

　大まかな仕様を表 2.1 に示します．詳しくは，ヒューマンデータ社の HP を参照してく

表 2.1　EDA-012 仕様

項目	仕様
搭載 FPGA	Intel 社製 Cyclone10LP（10CL010YE144C8G） Logic Elements：10320
コンフィギュレーション ROM	MT25QL128
電源	USB バスパワー（DC 5.0 V）
オンボードクロック	12 MHz
USB コントローラ	FT2232H（シリアル通信用, コンフィギュレーション用）
JTAG コネクタ	あり
ユーザー I/O	24 本（オプションボード対応）
汎用スイッチ	5 個（うち 1 個はリセットスイッチ）
ディップスイッチ	4 bit
汎用 LED	8 個
7 セグメント LED	2 個（全セグメント直結方式）
圧電ブザー	ピエゾ式

ださい[1].

2.1.5　拡張オプションボード

　EDA-012 には専用の拡張ボード ZKB-156A も用意されています. このボードは, PMOD×3 または 20pin+PMOD または 50pin コネクタのいずれかが装着可能です.

　PMOD は, Digilent 社が規定した低周波数で少数 I/O ピン数の周辺モジュールを接続す

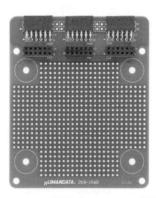

図 2.3　ZKB-156A 外観（PMOD × 3 を実装した例）

---

[1]　https://www.hdl.co.jp/EDA-012/

るための規格です．ボード側をホスト，接続する PMOD モジュールをペリフェラルといいます．

ピンの形状は，6 ピンタイプ・8 ピンタイプ・12 ピンタイプの 3 種類があります．いずれも 2.54 mm ピッチのピン間隔で，ホスト側のメスコネクタにオスコネクタをもつ PMOD モジュールを直接接続することができます．コネクタピンは VCC と GND を含み，VCC はホストから供給します．電源の特性は特に規定はありませんが，一般的に電圧は 5.0 V か 3.3 V，電流は 100 mA 程度です．

詳しくは，ヒューマンデータ社の Web サイトを参照してください[*2]．

2.2　開発ツール

本書では，FPGA 統合開発環境に Intel 社製の Quartus Prime 20.1.1 を使用します．

2.2.1　Quartus Prime

かつて存在した FPGA メーカーの Altera 社は，2015 年に Intel 社の傘下となりました．Quartus Prime は，Altera 社時代より定評のあった統合開発環境である Quartus II の進化系にあたります．対象となる FPGA や開発規模に応じて，「プロ・エディション」「スタンダード・エディション」「ライト・エディション」のバージョンが用意されています．EDA-012 に搭載されている FPGA は，この中の無償で使用できる「ライト・エディション」で設計が可能です．

Quartus Prime には，ModelSim もしくは後継の Questa という連動するシミュレーションツールがあり，それも併せて使用します．いずれも無償ライセンスですが，Questa はライセンス取得手順が煩雑なため，本章ではライセンス取得不要の ModelSim が連動する，最終版の「Quartus Prime 20.1.1 ライト・エディション」を使用することとしました．なお，ダウンロード時には Intel 社の規約に従い，必要に応じてユーザー登録を行ってからダウンロードしてください．

https://www.intel.com/content/www/us/en/collections/products/fpga/software/downloads.html?edition=lite&s=Newest

上記の URL で「Quartus Prime」を検索し，表示される「Intel Quartus Prime Lite Edition」

---

*2　https://www.hdl.co.jp/ZKB/ZKB-156/

を選択，表示されるページの「Download」からダウンロードページに移動し，Version 20.1.1
を選択してダウンロードしてください．

　また，第 1 章に記載の通り教育機関での利用の場合，アカデミックライセンスが無償で
提供されます．必要な手続きを行えば「ライト・エディション」以外のバージョンも使用
できます．

2.2.2　開発手順

開発フェーズに従い，Quartus Prime を操作します．

表 2.2　開発フェーズと Quartus Prime を使った手順の対応表

項目	概要	開発フェーズ
① プロジェクトの登録	デバイス選択，環境設定	回路設計
② コードの入力	HDL，回路図などの回路の入力	回路設計
③ 論理合成 1	構文，文法のチェック．プロジェクトのデータベース生成	回路設計
④ シミュレーション	作成した回路をシミュレーション	シミュレーション
⑤ ピン配置	使用するピンを設定	制約の設定
⑥ 論理合成 2	実装する回路の生成	コンパイル
⑦ ダウンロード	作成した回路を FPGA ボードに搭載	実機検証

　実際の開発現場では「制約の設定」を細かく行いますが，本書は初心者を想定している
ので，ここでの説明は最小限にとどめます．乱暴ないい方ですが，Quarts Prime はこれら
詳細な設定を行わなくても，ある程度は自動で設定を行ってくれる点でも初心者向けです．
ただし警告（Warning）は出ますので，その内容の確認は必要になります．

2.2.3　実装の手順

　例として，スイッチ 1（SW1）を押すと LED1 が点灯，スイッチ 2（SW2）を押すと LED2
が点灯する回路を例に実装の手順を示します（図 2.4，プログラム 2.2）．順序回路と組合せ
回路の比較のためにスイッチ 1 側は FF を入れ順序回路とし，スイッチ 2 側は組合せ回路
として作成してみます．FDA-012 のスイッチと LED はともにプルアップされており，負
論理（Low Active）として制御します．

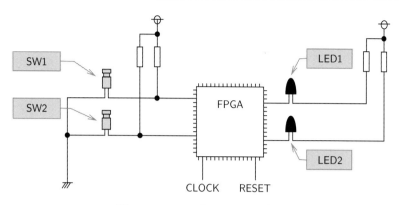

図 2.4 スイッチ押下で LED 点灯

プログラム 2.2 スイッチ押下で LED 点灯のコード例

```
1   module LED_SW2(
2     input logic CK, RB,
3     input logic SW1, SW2,
4     output logic LED1, LED2
5   );
6
7   always_ff @(posedge CK or negedge RB) begin
8     if(!RB) begin
9       LED1 <= 1'b1;
10    end
11    else begin
12      LED1 <= SW1;   // 順序回路で接続
13    end
14  end
15
16  always_comb begin
17    LED2 = SW2;       // 組合せ回路で接続
18  end
19
20  endmodule
```

【Quartus Prime 操作手順】

1. はじめに

    (a) 初回の起動

    スタートメニュー ⇒ Intel FPGA から Quartus Prime を選択し起動すると，イン

ストール直後の初回起動時のみメッセージが出ますので，Run the Quartus Prime software を選択してください（図 2.5）.

図 2.5　初回起動時のメッセージ

(b)　ModelSim の登録

起動したら，Tools ⇒ Options の General の中の EDA Tool Options から ModelSim-Altera を設定します．この設定は Quartus Prime をインストール後に 1 回のみで，プロジェクトごとに設定する必要はありません．ModelSim のデフォルトのインストールフォルダは "C:¥intelFPGA_lite¥20.1¥modelsim_ase ¥win32aloem" となりますので，これを指定します（図 2.6）.

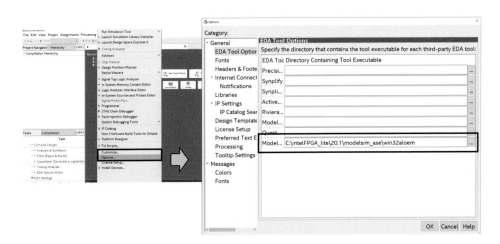

図 2.6　ModelSim の登録

2.　プロジェクトの登録

(a)　File ⇒ New Project Wizard を選択し，新しいプロジェクトを作成します（図 2.7）.

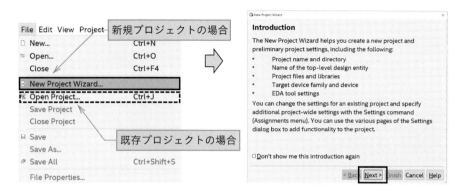

図 2.7 新規プロジェクト作成

この操作は新規プロジェクト登録時のみ行います．作成したプロジェクトを変更修正する場合は，File ⇒ Open Project から行います．

(b) 新規プロジェクトは，作業フォルダ（Directory），プロジェクト名（Name），トップレベルデザイン名（Top-Level Entity）を入力します（図 2.8）．

作業フォルダは，フォルダ名も含め日本語とスペースは使えません．プロジェクト名とトップレベルデザイン名は同名としてください．トップレベルデザイン名は SystemVerilog の文法に従って命名してください．

ここでは，以下のように設定しています．なお，共用パソコンを利用の場合は，各ユーザー名の下に作業フォルダを作成して設定してください．

• 作業フォルダ　C:¥workspace¥EDA012¥LED_SW2

• プロジェクト名　LED_SW2

• トップレベルデザイン名　LED_SW2

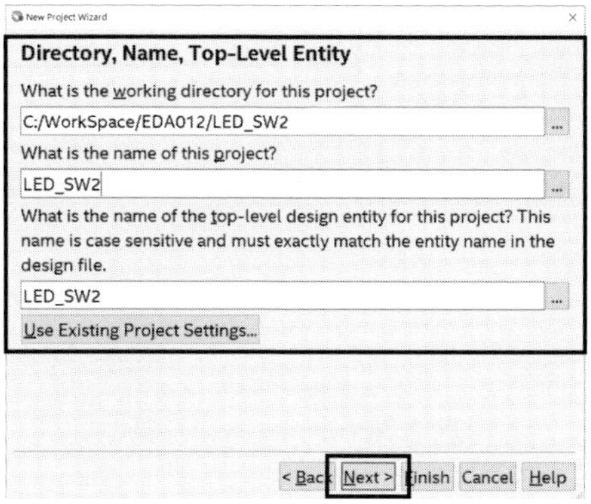

図 2.8 新規プロジェクト名の登録

(c) Empty project を指定し，Next をクリックし次に進みます（図 2.9）.
テキストエディタで作成した SystemVerilog コードのファイルがあれば，ここ
で登録できます．本章では，あとから登録する方法を紹介します．

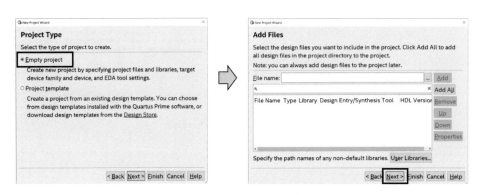

図 2.9　既存・流用ファイルの選択

(d) Device family の Family から，EDA-012 に搭載されている FPGA デバイス
「10CL010YE144C8G」を選択します（図 2.10）.
Show in 'Available devices' list から絞り込みを行うと検索が容易になります．

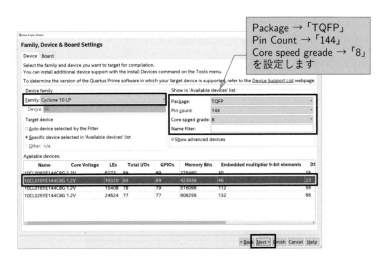

図 2.10　デバイスの登録

(e) 内容を確認して Finish をクリックして完了します（図 2.11）.
シミュレータなど使用するアドオンツールがあればここで登録できますが，本
章では，あとから登録する方法を紹介します.

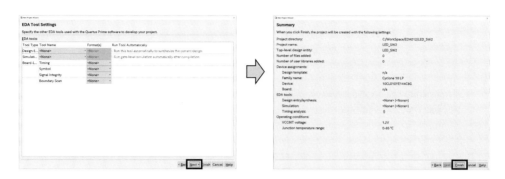

図 2.11 ツールの登録

(f) 未使用ピン，生成ファイルの指定などの環境設定を行います. Assignment ⇒
Device から Device and Options を押します（図 2.12）.

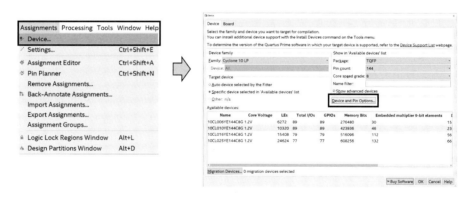

図 2.12 環境設定①

Configuration, Programming Files, Unused Pins をそれぞれ設定します（図 2.13）.

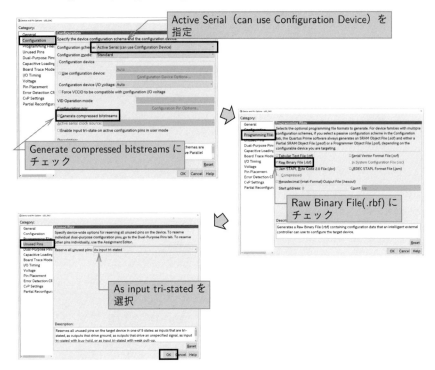

図 2.13　環境設定②

3.　コードの入力

(a)　新規入力の場合は，File ⇒ New を選択し Design File から SystemVerilog HDL File を選択し入力できます（図 2.14）．入力画面が表示されたらプログラム 2.2

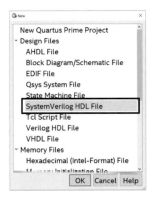

図 2.14　コードの新規入力の場合

に示すコードを入力します．入力後は，File ⇒ Save から保存します．

(b) QuartusPrime から入力できますが，事前にテキストエディタで作成したファイルを登録するほうが便利です．テキストエディタで作成したファイルを登録する場合は，Assignments ⇒ Settings から Files を選択し，そこから登録します（図 2.15）．

ファイル登録を行うときは拡張子で言語を自動判断しますので，拡張子を「.sv」としてください．ファイル名は日本語とスペースとハイフンは使えません．また，最初の文字に数字は使えません．

なお，テキストエディタは自身で使いやすいものを使用するのがよいと思います．筆者は日本製のフリーソフトのサクラエディタ[*3]を使用しました．このサクラエディタはテキストのハイライト機能が充実しています．SystemVerilog の予約語を強調させたりコメント行の文字色を変えるなど，好みに合わせてカスタマイズするのもよいでしょう．他にも notepad++[*4]などフリーのものが多数ありますから，自身で使いやすいものを選択してください．

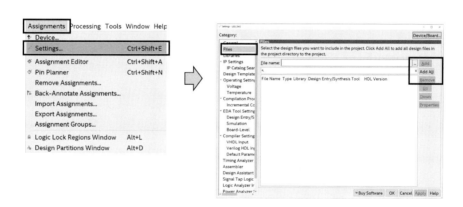

図 2.15 コードの登録

---

*3 https://sakura-editor.github.io/

*4 https://notepad-plus-plus.org/downloads/

(c) 既存プロジェクトの場合は，Project Navigator の Files から修正するファイルを選択します（図 2.16）.

図 2.16　コードの修正

4. 論理合成 1

(a) Processing ⇒ Start から Start Analysis & Elaboration を実行し，作成または修正したコードの文法のチェックを行います（図 2.17）. あわせてこのプロジェクトで利用するデータベースも作成されます. なお，ここでのコンパイルは実装可

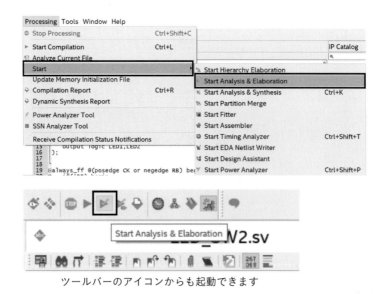

図 2.17　論理合成 1

能な回路ファイルは生成されません．その代わりにコンパイル時間は短くなります．ツールバーのアイコンからも起動できます．

(b) 文法エラーがある場合，エラーメッセージをクリックすることで該当箇所にカーソルが移動します（図 2.18）．また，エラーが出ていなくても警告は内容を確認し対策が必要なものは対策してください．信号線が接続されていない，ビット幅の不一致などは修正が必要です．

図 2.18 エラーメッセージ例

(c) Tools ⇒ Netlist Viewers ⇒ RTL Viewer で回路の確認をしてみます．プログラム 2.2 のコードから図 2.19 の回路が生成されます．図とコードを見比べてみましょう．

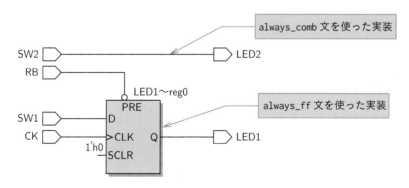

図 2.19 RTL Viewer

5. シミュレーション

ボードで動かす前にシミュレーションツールで動作の確認を行ってみます．

(a) テストベンチ作成

FPGA の入出力が確認できるようにテストベンチを作成します．

プログラム 2.3　テストベンチ例

```
1   `timescale 1ns/1ps
2
3   module sim_LED_SW2;
4     logic CK;              // システムクロック
5     logic RB;              // リセット信号
6     logic SW1, SW2;        // スイッチ
7     logic LED1, LED2;      // LED
8
9   parameter STEP = 82;    // 12MHz(=83.3ns) -> 82ns で設定
10
11  LED_SW2 LED_SW2_TEST(
12    .CK(CK),
13    .RB(RB),
14    .SW1(SW1),
15    .SW2(SW2),
16    .LED1(LED1),
17    .LED2(LED2)
18  );
19
20  // make clock
21  always begin
22    CK = 0; #(STEP/2);
23    CK = 1; #(STEP/2);
24  end
25
26  // Simulation
27  initial begin
28  RB = 1'b1;   SW1 = 1'b1;   SW2 = 1'b1; // 初期値設定
29  #(STEP*2);                // 時間経過を観察
30  #(STEP*2) RB = 1'b0;      // リセット
31  #(STEP)   RB = 1'b1;      // リセット解除
32  #(STEP*5) SW1 = 1'b0;     // SW1 を ON にし時間経過を観察
33  #(STEP*5) SW2 = 1'b0;     // SW2 を ON にし時間経過を観察
34  #(STEP*5) SW1 = 1'b1;     // SW1 を OFF にし時間経過を観察
35  #(STEP*5) SW2 = 1'b1;     // SW2 を OFF にし時間経過を観察
36  #(STEP*5) SW1 = 1'b0;     // SW1 を ON にし時間経過を観察
37  #(STEP*2) RB = 1'b0;      // リセット
38  #(STEP*5);
39  $stop;
40  end
41
42  endmodule
```

39行目の$stopがない，もしくは$finishとするとModelSimが終了してしまいます．

(b) シミュレーションの設定はAssignments ⇒ SettingsからEDA Tool Settingsの中のSimulationを選択し，テストベンチの登録を行います（図2.20）．

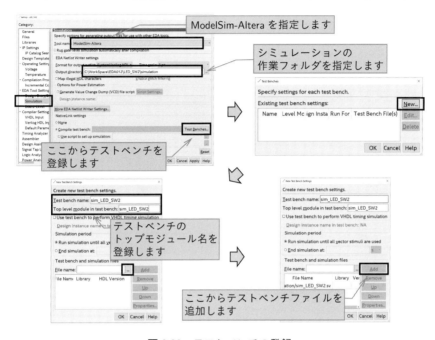

図 2.20 テストベンチの登録

(c) シミュレーションの実行

Tools ⇒ Run Simulation Toolから，RTL Simulationを選択しModelSimを起動します（図2.21）．RTL SimulationはSystemVerilogによる記述上でのシミュレーション動作になり，回路の遅延は入っていません．Gate Level Simulationは遅延を考慮したシミュレーションが可能ですが，やや煩雑な設定が必要となります．この章で紹介する回路例では，RTL Simulationで問題ありません．

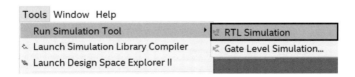

図 2.21 シミュレーションの起動

⒟　シミュレーションの実行結果

　　図 2.22 のように波形が観測できます．順序回路はクロックとリセットに追従して動作し，組合せ回路はリセットとクロックに関係なく動作していることが見えます．

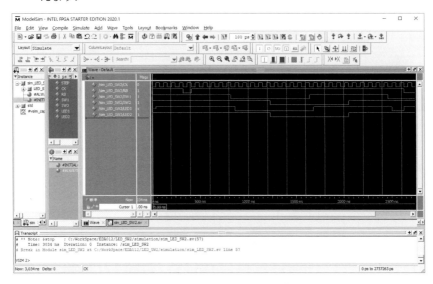

図 2.22　シミュレーション波形表示

6.　ピン配置

⒜　Assignments ⇒ Pin Planner を起動し，使用する I/O ピンを設定します（図 2.23）．論理合成 1 の Start Analysis & Elaboration が完了している状態で信号名が表示されます．

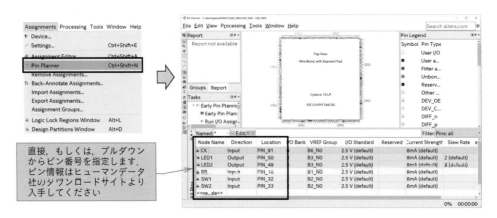

図 2.23　ピン配置

(b) Quartus Prime が自動生成するファイルで拡張子が「.qsf」の中にこれら設定が保存されますので，そのファイルを直接編集することもできます．

拡張子が「.qsf」のファイルをテキストエディタで開き，図 2.24 のように I/O ピン番号を宣言した信号名を記述します．

図 2.24 設定ファイル例

7. 論理合成 2

Processing ⇒ Start Compilation を実行し，回路を生成します（図 2.25）．

論理合成 1 で実施した時間よりもコンパイル時間は長くなります．また，警告も増える可能性がありますから，その内容も確認してください．ツールバーのアイコンからも起動できます．

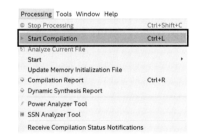

ツールバーのアイコンからも起動できます

図 2.25 論理合成 2

8. ダウンロード

　ヒューマンデータ社のダウンロードアプリケーションを使用します．ボードを USB ケーブルでパソコンに接続し，起動します．USB に接続する前に，ボードのマニュアルに従って USB ドライバをインストールしてください．なお，EDA-012 はコンフィグレーション ROM も搭載していますので，FPGA 側に書き込むか ROM 側に書き込むかの指定ができますが，通常は FPGA 側に書き込みます（図 2.26）．

　コンフィグレーション ROM から起動する場合は，コンフィグレーション ROM に書き込んだ後，JP5[MSEL] のジャンパを外して電源を投入します．

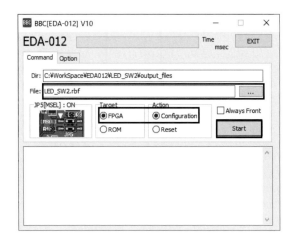

図 2.26　ダウンロード

9. 動作確認

スイッチを押して LED が点灯することを確認しましょう（図 2.27）.

また，SW1，SW2 ともに押した状態でリセットスイッチを押してみましょう．順序回路で作成した SW1 側の LED1 は消灯しますが，組合せ回路で作成した SW2 側の LED2 には影響しないことがわかります.

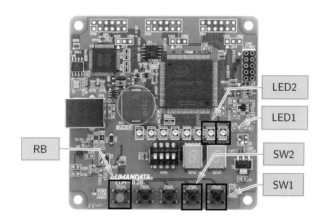

図 2.27 ボードでの動作確認

🍵 *Column* LED 接続ピンの警告

　ボード上の LED 8 個のうち，たとえば 7 個を使用し，残りの未使用の 1 個を常に消灯させておきたい場合に簡単に消灯させる方法として，「assign LED[7] = 1'b1;」（負論理）としますが，これでは "Warning (13410): Pin "LED[7]" is stuck at VCC" と警告が出ます．これは，この LED[7] の信号線が常に High 状態で変化していない，と警告しています．もちろんその意図で記述しているので違和感があるかもしれませんが，この警告は対応不要です．どうしても気になる場合は，always_ff 文で LED 出力用に FF を挿入することで警告を消すことができます.

2.3　EDA-012 を使った回路例

Quartus Prime を使用して簡単な回路を実装する例を示します.

本章で紹介する回路例は主要部分のみを解説しています. ピン情報を含む全回路例は本書のサポートサイト[*5]からダウンロードできます.

2.3.1　7 セグメント LED の制御とカウンタ

クロックを分周し, 1 秒周期で 7 セグメント LED2 桁に 00〜FF までの 16 進数の数値を表示させる回路を作成してみましょう. カウンタはプッシュスイッチ押下時のみ動くものとします (図 2.28).

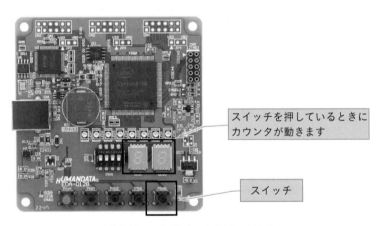

スイッチを押しているときにカウンタが動きます

スイッチ

図 2.28　7 セグメント LED の動作

7 セグメント LED (ドットを含み 8 セグメントの LED) は, 表示したい数値ではなく, 表示したいパターンを出力しなければなりません. このため数値をパターンに変換する回路が必要となります. ここで注意しなければならない項目は二つあります. 一つは実装するボードのシステムクロック (= 12 MHz) をカウントし, 1 秒にするためのカウンタのビット幅, もう一つは 4 入力 8 出力の変換回路です.

カウンタは必要最小限のビット幅とします. 変換回路は組合せ回路で実現できます. いずれも生成される回路を最小限の大きさにするという考え方です. 大は小を兼ねるという発想は FPGA のみならず, ハードウェアの開発の世界では御法度です. 12 MHz (= 12 000 000)

は 2 進数では 24 ビットで表せるのでカウンタは 24 ビットで定義し，指定回数カウント後に 0 クリアが必要となります（図 2.29）．一方，7 セグメント LED に表示させるためのカウンタ値は 0～F の 4 ビットカウンタですが，これは「桁あふれ＝ 0 クリア」となるため，0 クリアの記述は不要です．

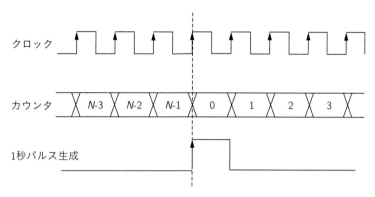

図 2.29 カウンタの考え方

7 セグメント LED の配置を図 2.30 に示します．出力パターンはプログラム 2.5 を参照してください．

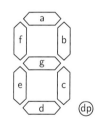

図 2.30 7 セグメント LED のパターン

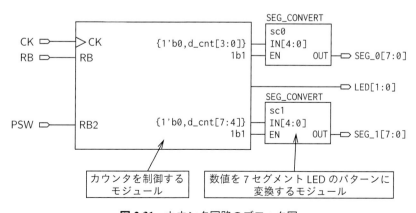

図 2.31 カウンタ回路のブロック図

プログラム 2.4　7 セグメント LED の制御とカウンタのコード例 1

```
1  module COUNTER(
2    input  logic CK,         // システムクロック
3    input  logic RB,         // リセット信号
4    input  logic PSW,        // プッシュスイッチ
5    output logic [7:0] SEG_0,  // 7 セグ A 出力パターン
6    output logic [7:0] SEG_1   // 7 セグ B 出力パターン
7  );
8    Logic    [7:0] d_cnt;     // 値のカウンタ
9    Logic    div_ck;
10   Logic    [23:0] t_cnt;    // クロックのカウンタ
11
12 // 12MHz->1Hz となるカウンタ値
13 parameter DEF_COUNT = 24'd12_000_000 - 24'd1;
14
15 always_ff @(posedge CK or negedge RB) begin
16      // n 秒 (nHz) になるようにシステムクロックをカウントしパルスを生成する
17   if(RB == 1'b0) begin
18     t_cnt <= 0;
19     div_ck <= 1'b0;
20   end
21   else if(t_cnt >= DEF_COUNT) begin
22     t_cnt <= 0;
23     div_ck <= 1'b1;
24   end
25   else begin
26     t_cnt <= t_cnt + 24'd1;
27     div_ck <= 1'b0;
28   end
29 end
30
31 always_ff @(posedge div_ck or negedge RB) begin
32      // nHz のパルスで 7 セグ表示の回路を動かす
33   if(RB == 1'b0) begin
34     d_cnt <= 8'd0;
35   end
36   else if(PSW == 0) begin    // PSW は LowActive
37     d_cnt <= d_cnt + 8'd1;   // PSW が押されているときのみカウントする
38   end
39   else begin
40     d_cnt <= d_cnt;
41   end
42 end
43
```

```
44  SEG_CONVERT sc0(              // 数値を7セグの表示パターンに変更する
45    .IN({1'b0,d_cnt[3:0]}),    // d_cnt の1桁目を接続する
46    .EN(1'b1),                 // enable 信号(この回路では常にON)
47    .OUT(SEG_0)                // SEG_0 に表示するパターン
48  );
49
50  SEG_CONVERT sc1(
51    .IN({1'b0,d_cnt[7:4]}),    // d_cnt の2桁目を接続する
52    .EN(1'b1),                 // enable 信号(この回路では常にON)
53    .OUT(SEG_1)                // SEG_1 に表示するパターン
54  );
55  endmodule
```

13 行目の parameter 文はパラメータを設定する文です．任意の文字列（input などの予約語を除く）に対して値を割り当てることができます．第4章で詳しく説明します．

34 行目の d_cnt は桁あふれで0クリアされるので，d_cnt<= 4'd0 の記載は不要です．

プログラム 2.5 7 セグメント LED の制御とカウンタのコード例 2

```
1   module SEG_CONVERT(
2     input  logic [4:0] IN,  // 表示する値
3     input  logic EN,        // EN 信号
4     output logic [7:0] OUT  // 7SEG へ出力するパターン
5   );
6
7   //--- parameter ---------------------------------------
8   parameter SEG_P0   = 8'b0000_0011;  // 0
9   parameter SEG_P1   = 8'b1001_1111;  // 1
10  parameter SEG_P2   = 8'b0010_0101;  // 2
11  parameter SEG_P3   = 8'b0000_1101;  // 3
12  parameter SEG_P4   = 8'b1001_1001;  // 4
13  parameter SEG_P5   = 8'b0100_1001;  // 5
14  parameter SEG_P6   = 8'b0100_0001;  // 6
15  parameter SEG_P7   = 8'b0001_1111;  // 7
16  parameter SEG_P8   = 8'b0000_0001;  // 8
17  parameter SEG_P9   = 8'b0000_1001;  // 9
18  parameter SEG_PA   = 8'b0001_0001;  // A
19  parameter SEG_Pb   = 8'b1100_0001;  // b
20  parameter SEG_Pc   = 8'b1110_0101;  // c
21  parameter SEG_Pd   = 8'b1000_0101;  // d
22  parameter SEG_PE   = 8'b0110_0001;  // E
23  parameter SEG_PF   = 8'b0111_0001;  // F
24  parameter SEG_PM   = 8'b1111_1101;  // マイナス
25  parameter SEG_POFF = 8'b1111_1111;  // 消去
```

```
26
27  always_comb begin
28    OUT = convert({EN,IN});
29  end
30
31  function [7:0] convert(input [5:0] in);
32    casex (in)
33      6'b0x_xxxx : convert = SEG_POFF;
34      6'b10_0000 : convert = SEG_P0;
35      6'b10_0001 : convert = SEG_P1;
36      6'b10_0010 : convert = SEG_P2;
37      6'b10_0011 : convert = SEG_P3;
38      6'b10_0100 : convert = SEG_P4;
39      6'b10_0101 : convert = SEG_P5;
40      6'b10_0110 : convert = SEG_P6;
41      6'b10_0111 : convert = SEG_P7;
42      6'b10_1000 : convert = SEG_P8;
43      6'b10_1001 : convert = SEG_P9;
44      6'b10_1010 : convert = SEG_PA;
45      6'b10_1011 : convert = SEG_Pb;
46      6'b10_1100 : convert = SEG_Pc;
47      6'b10_1101 : convert = SEG_Pd;
48      6'b10_1110 : convert = SEG_PE;
49      6'b10_1111 : convert = SEG_PF;
50      6'b11_0000 : convert = SEG_PM;
51      default    : convert = 8'b0000_0000;
52    endcase
53  endfunction
54
55  endmodule
```

2.3.2　同期リセットと非同期リセット

　順序回路ではレジスタの初期化にリセット信号を使いますが，このリセット信号を同期リセットとして使用する場合と非同期リセットとして使用する場合の比較を行ってみましょう．例として，7 セグメント LED のカウンタ回路を流用します．2 桁ある 7 セグメント LED をそれぞれ 0〜9 までカウントし，片方は同期リセット，もう片方を非同期リセットとしてリセット動作の差異を観測します（図 2.32）．目視できるようカウンタ動作用のクロックは 1 秒とし，同時に LED にも出力します．リセット信号も LED に出力します．

　動作クロックを見ながらリセットスイッチを押してみると，タイミングによってカウンタの0クリア動作が異なることが観察できます（図2.33）.

　リセット信号にすぐに追従するのが非同期リセット，クロックの立ち上がり時に追従するのが同期リセットです.

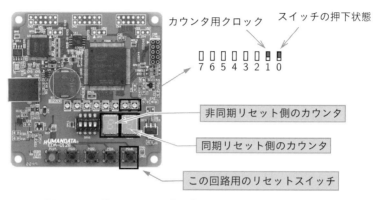

カウンタ用クロック　　スイッチの押下状態

7 6 5 4 3 2 1 0

非同期リセット側のカウンタ

同期リセット側のカウンタ

この回路用のリセットスイッチ

図2.32　同期リセットと非同期リセットのボードでの確認

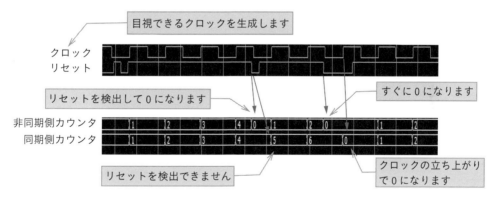

目視できるクロックを生成します

クロック
リセット

リセットを検出して0になります

すぐに0になります

非同期側カウンタ
同期側カウンタ

リセットを検出できません

クロックの立ち上がりで0になります

図2.33　同期リセットと非同期リセットの原理

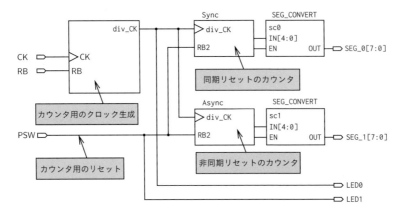

図 2.34 同期リセットと非同期リセットのブロック図

プログラム 2.6 同期・非同期リセットのコード例

```
1   // 同期·非同期リセット部分の抜粋
2   module Sync(              // 同期リセット
3     input  logic div_CK,    // クロック
4     input  logic RB2,       // カウンタ用のリセット信号
5     output logic [3:0] CNT_SY  // Sync カウンタ
6   );
7
8   always_ff @(posedge div_CK) begin
9     if(RB2==1'b0) begin       // ここは RB2 を使う
10      CNT_SY <= 4'd0;
11    end
12    else begin
13      CNT_SY <= CNT_SY + 4'd1;
14    end
15  end
16  endmodule
17
18  module Async(             // 非同期リセット
19    input  logic div_CK,    // クロック
20    input  logic RB2,       // カウンタ用のリセット信号
21    output logic [3:0] CNT_AS  // Async カウンタ
22  );
23
24  always_ff @(posedge div_CK or negedge RB2) begin
25    if(RB2==1'b0) begin       // ここは RB2 を使う
26      CNT_AS <= 4'd0;
27    end
28    else begin
```

```
29        CNT_AS <= CNT_AS + 4'd1;
30      end
31    end
32    endmodule
```

2.3.3 LED の明るさを制御

LED の明るさを調整する回路を作成してみましょう．LED の明るさを変える方法は，ア
ナログ的に LED に流れる電流を可変抵抗で調整するか，PWM（Pulse Width Modulation）
を用いて明るさを変えるかのいずれかになります．可変抵抗を用いるためにはアナログ信
号を出力するピンが必要となります．ここではディジタル信号のみを出力するピンを用い
るため，PWM を用います．

PWM とは，一定の周期の中でオン（High）とオフ（Low）の比率を変えることで，LED
に印加される平均電流を変化させ，見掛け上の明るさを変えることができる仕組みです（図
2.35）．LED だけでなく DC モータの速度調整にも利用できます．

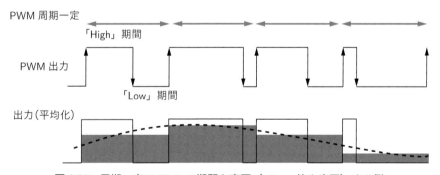

図 2.35 周期一定で High の期間を変更（＝Duty 比を変更）する例

ここで，オンとオフの期間の比率のことを Duty 比といい，この Duty 比を変えることで
LED の明るさが変わります（図 2.36）．

一定の周期でカウンタを動作させ，そのカウンタのある値のところで出力パルスを変化
させることで PWM 出力ができます（図 2.37）．

ここでは，PWM を行うプログラム 2.7 を紹介します．この例ではカウンタを 0 から 255
までカウントし，その期間のなかで High か Low かの出力を行うようにしています．

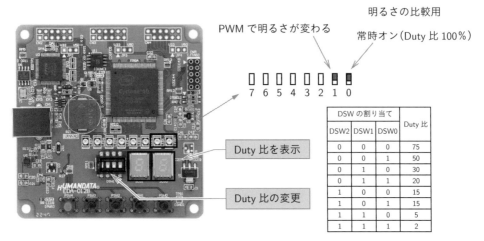

図 2.36　LED の明るさ調整

DSW の割り当て			Duty 比
DSW2	DSW1	DSW0	
0	0	0	75
0	0	1	50
0	1	0	30
0	1	1	20
1	0	0	15
1	0	1	15
1	1	0	5
1	1	1	2

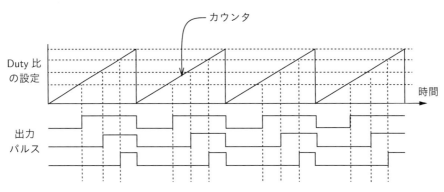

図 2.37　カウンタと出力パルスの関係

プログラム 2.7　PWM のコード例

```
module PWM256(
  input  logic CK,
  input  logic RB,
  input  logic [7:0] DATA,
  output logic PWM_OUT
);
  logic [7:0] CNT;

always_ff @( posedge CK or negedge RB ) begin
  if(RB == 0) begin
    CNT <= 8'b0;
  end
```

```
13    else begin
14      CNT <= CNT + 8'b1;
15    end
16  end
17
18  always_comb begin
19    PWM_OUT <= (DATA >=  CNT);
20  end
21
22  endmodule
```

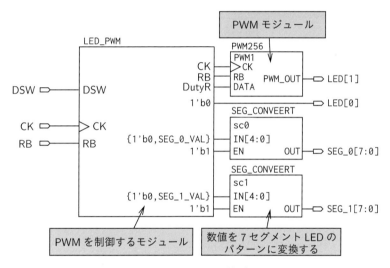

図 2.38 LED の明るさ調整ブロック図

2.3.4 音階鳴動回路

クロックを分周しド・レ・ミ・ファ・ソ・ラ・シの音階を鳴動する回路を作成してみましょう（図 2.39）．

音とは，物理学的には，縦波として伝わる力学的エネルギーの変動のことであり，周波数・波長・周期・振幅・速度などの波動としての特徴をもつ音波として表すことができます．音として人間の耳に聞こえる範囲は一般的に 20 Hz〜20 kHz 程度といわれており，年齢や個人差によって変動します．

前節では周期を一定にし Duty 比を変化させましたが，ここでは Duty 比を一定（50 %）

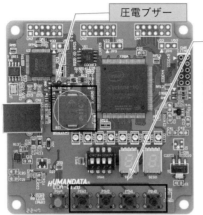

圧電ブザー

PSW0〜PSW3の四つのプッシュスイッチを 4 ビット入力とし, 1〜15 までの番号に割り当てます(0 は OFF)

スイッチの割り当て				変換した番号	音階	周波数
PSW3	PSW2	PSW1	PSW0			
−	−	−	押す	0001b	ド	261.626 Hz
−	−	押す	−	0010b	レ	293.665 Hz
−	−	押す	押す	0011b	ミ	329.628 Hz
−	押す	−	−	0100b	ファ	349.228 Hz
−	押す	−	押す	0101b	ソ	391.995 Hz
−	押す	押す	−	0110b	ラ	440.000 Hz
−	押す	押す	押す	0111b	シ	493.883 Hz
押す	−	−	−	1000b	ド	523.252 Hz

図 2.39　音階鳴動の動作

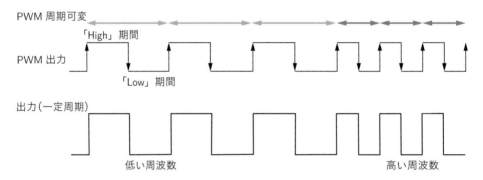

PWM 周期可変

「High」期間

PWM 出力

「Low」期間

出力（一定周期）

低い周波数　　　　　　　　　　　　　　　　　高い周波数

図 2.40　周期可変の考え方

にし，周期を変えることで音階を生成します（図 2.40）.

　ここで，パルスの周期（＝周波数）は，システムクロックを分周して生成します．周波数 f で，Duty 比 50 % のパルスを生成する方法として，周波数 f の 2 倍になる周期 $2f$ でカウンタ値を増やし，そのタイミングでパルス f をトグル動作させることで生成する方法が便利です（図 2.41）.

　システムクロック 12 MHz から「ラ」の音を生成する場合を考えてみましょう
　「ラ」の音は 440.000 Hz なので

$$\text{分周数 } N = \frac{12\,000\,000\,\text{Hz}}{2 \times 440.000\,\text{Hz}} \approx 13636$$

となります.

　分周カウンタは 0 からカウントを始めますから，1 を引いて 13635 となります.

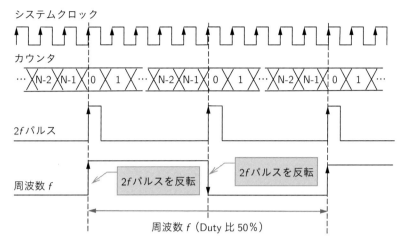

図 2.41 周波数 f 生成のイメージ

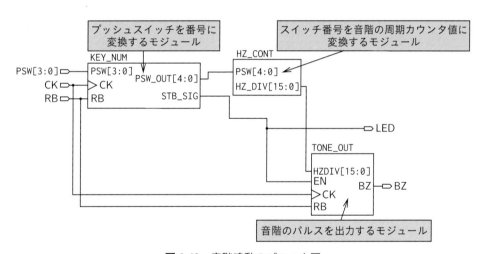

図 2.42 音階鳴動のブロック図

　ここでは，ブザーへの出力を行うプログラムのみ紹介します．SystemVerilog で記述すると プログラム 2.8 のようになります．周波数 $2f$ となるカウンタ値ごとに 0 と 1 をトグルさせ，周波数 f の出力を行います．なおこの例では，音を停止させることができるように EN 信号を付加しています．

プログラム 2.8 周波数 f 生成のコード例

```
1   module TONE_OUT(
2     input  logic CK,
3     input  logic RB,
```

```
4    input   logic EN,
5    input   logic [15:0] HZDIV,
6    output logic BZ
7  );
8    logic [15:0] cnt;
9
10 always_ff @(posedge CK or negedge RB) begin
11   if(RB == 1'b0) begin
12     cnt <= 16'd0;
13     BZ  <= 1'b0;
14   end
15   else begin
16     if (EN == 1'b1) begin
17       cnt <= 16'd0;
18       BZ  <= 1'b0;
19     end
20     else if (cnt == HZDIV) begin
21       cnt <= 16'd0;
22       BZ  <= ~BZ;
23     end
24     else begin
25       cnt <= cnt + 16'd1;
26       BZ  <= BZ;
27     end
28   end
29 end
30 endmodule
```

　すべてのプログラムは本書のサポートサイトから取得できます．オルゴールのような自動演奏もできますから，ぜひチャレンジしてみてください．

2.4　まとめ

　本章では，初めて FPGA に触れる人向けに，SystemVerilog を用いた回路作成方法と FPGA ボードへの実装方法について述べました．以降の章ではさらなる応用例が示されています．また，ヒューマンデータ社製の EDA-012 の拡張ボードを使用し，外部に回路を作成するなどさまざまな設計が楽しめますので，こちらもチャレンジしてほしいと願います．

━━━ 🍵 *Column* FPGA で制御するか，マイコンで制御するか？ ━━━

　マイコンにも FPGA と同様の GPIO（General Purpose IO の略で，日本語では汎用
IO）を使うことができるため，ロボットなどの組込みシステムの制御に使うことができ
ます．マイコンによる制御と FPGA による制御の長所と短所を表 2.3 にまとめました．
どちらも一長一短ですが，シャトルサービスなどで試作した LSI を制御するなど，決
まったタイミングで入力を与えないといけないような場合は，FPGA を使うのがよいか
と思います．

表 2.3 マイコン制御と FPGA 制御の長所短所

	マイコン	FPGA
長所	ソフトウェア記述言語（主に C 言語）で プログラム可能	FPGA の動作クロック周波数に同期した 比較的高速な制御が可能
短所	制御にかかるクロックサイクルを細かく 制御することができない	習得が難しい HDL で設計しなければな らない
	GPIO 数が少ない	GPIO 数が多い

第**3**章

ディジタル回路入門

この章では，ディジタル回路の記述について学びます．スマートフォンに代表されるように実社会にディジタル機器が広く浸透しています．ディジタル機器内ではデータや信号の処理がディジタル回路で行われます．入出力はアナログ信号であっても，アナログ・ディジタル変換回路（Analog to Digital Converter，ADC）やディジタル・アナログ変換回路（Digital to Analog Converter，DAC）によって，ディジタル回路によるディジタル信号処理が可能になります．

　ディジタル回路は，ディジタル信号やディジタルデータを受けて，論理的な演算を行う回路です．ディジタル信号やデータは，原則として0と1の2値やバイナリで表現されます．ディジタル回路には，組合せ回路と順序回路があります．組合せ回路は，入力が決まれば出力が一意的に決まり，過去の履歴は出力に関係ありません．これに対して順序回路は，過去の状態が出力に影響します．まずは，ディジタル回路の入出力であるディジタル信号やデータの表現方法について述べていき，実際の回路を交えながら SystemVerilog のコーディングを説明します．本章では，プログラムの記述ではなくハードウェア記述ということを明確にするため，コンパクトなコーディングの記述だけではなく，あえてハードウェアをイメージした記述も説明しています．

3.1　数値のビット表記

　ディジタル信号やデータは，コンピュータの中では基本的に0と1の2進数で表記されます．さらに，SystemVerilog では設計者がハードウェアを効率よく記述できるように，2進数以外でも表記できるようルール化されています．以下に SystemVerilog における数値の表現方法について説明します．

3.1.1　基本的な表現方法

　SystemVerilog では，数値はビット幅と基数を指定して表現します．基数は b（binary：2進），o（octal：8進），d（decimal：10進），h（hexadecimal：16進）で指定します．基数

の指定がない場合は 10 進数とみなされます．また，ビット幅を指定しないと 32 ビットの
信号とみなされますので，できるだけビット幅は指定するようにしてください．表 3.1 に
記載例を示します．なお，_（underscore）は，区切りを付けて見やすくするために，たと
えば 4 ビットごとに挿入します．

表 3.1　数値表現の例

数値表現	ビット幅	基数	2 進数表記	10 進数表現
1'b0	1	2 進	0	0
1'b1	1	2 進	1	1
8'b0010_1010	8	2 進	0010_1010	42
8'o112:	8	8 進	01_001_010	74
4'd5	4	10 進	0101	5
8'h8a	8	16 進	1000_1010	138
74	32	10 進	0000...0100_1010	74

3.1.2　データタイプ

　ディジタル信号やデータがもち得る状態を指定するために，いろいろなデータタイプが
規定されています．ハードウェア記述言語（Hardware Description Language, HDL）では，
適切なデータタイプを選定して，信号やデータを変数名で記述することになります．
　Verilog HDL のデータタイプは，ネット型（wire）とレジスタ型（reg）とに分かれてい
ましたが，SystemVerilog ではすべて logic 型で表します．また，SystemVerilog では，使
用可能なデータタイプが拡張されています．データタイプは，デフォルトのビット幅と符
号の有無が決まっています．詳しくは，SystemVerilog のリファレンスマニュアルを参照し
てください．

3.1.3　ディジタルの論理値

　ディジタル信号やデータは，基本的に 0 と 1 のビットで表しますが，実際には 0 と 1 だ
けではなく，表 3.2 に示すように四つの論理値が存在します．ハードウェアにおいて，入
力の論理値が決まらない場合（不定）や出力がハイインピーダンスになる場合があるから
です．ハイインピーダンスは論理が出力されていない状態であり，論理が出力されている
けれどもわからない状態（不定）とは異なります．

表 **3.2** ディジタル論理値

論理値	説明
0	論理 0
1	論理 1
X または x	不定値
Z または z	ハイインピーダンス

　また，データタイプによっては，上記の 4 値ではなく，0 と 1 の 2 値のみをとり得る場合も存在します．

3.2　符号と数値演算

　ディジタル信号処理を行うアプリケーションは非常に多彩です．画像処理（動画圧縮，超解像など）や音声処理（フィルタや立体化）など，アプリケーションによって演算処理が異なります．ここでは，符号付きの数値と演算について基本的な事項を説明します．

3.2.1　符号について

　信号処理演算では符号付き演算が必須です．データタイプによっては，符号付きのものもありますが，符号なしのものも多いです．SystemVerilog では，符号なしのデータタイプを符合付きにする装飾子として，signed が用意されています．これにより，たとえば reg などの符号なしのデータタイプで宣言された信号に対して，符号付きの整数として演算することが可能です．

　一方，byte や int などの符号付き整数を符号なしとして宣言する装飾子として unsigned が用意されています．

　signed と unsigned は，C 言語とは異なり，データタイプの後ろに記述します（プログラム 3.1）．

プログラム 3.1　signed と unsigned の表記例

```
1  reg signed   [15:0] SDATA;  // 16 ビット符号付き数値
2  int unsigned [31:0] UDATA;  // 32 ビット符号なし数値
```

　また，3.1.1 項で説明した基数によって符号付きとすることもできます．上述のように基数において，b が 2 進数，o が 8 進数，d が 10 進数，h が 16 進数ですが，符号付きの場合

は s を付けて sb，so，sd，sh のように，それぞれ表します．

　表 3.3 に例を示しますので，感触をつかんでください．なお，この 10 進数表現は，次節
の負の数値表現を参照してください．

表 3.3　符号付き数値表現の例

数値表現	ビット幅	基数	2 進数表記	10 進数表現
3'b110	3	2 進	110	6
3'sb110	3	2 進	110	−2
4'shD	4	16 進	1101	−3
8'shFA	8	16 進	11111010	−6

3.2.2　負の数値表現

　符号が付けられるということは，負の数値表現ができるということです．コンピュータ
の内部では，負の数は 2 の補数として表現されます．2 の補数とは，ある正の自然数（2
進数）がある場合に，その数に足し合わせるとちょうど桁が一つ増える最小の数のことで
す．2 の補数の求め方は，次の節で詳しく説明します．符号付きは，最上位ビット（Most
Significant Bit，MSB）が符号ビットとなっており，MSB が 0 ならば正の数となり，1 な
らば負の数となります．正の数は，符号なしの場合と変わりなく，2 進数の数値表記とな
ります．負の数の場合は，上述のように 2 の補数となります．

　表 3.4 に 4 ビットの場合の数値表現を示します．

表 3.4　4 ビットにおける数値表現

(a) 符号付きの場合の符号ビットが 0 の場合

2 進数表示				符号なし	符号付き
0	0	0	0	0	0
0	0	0	1	1	1
0	0	1	0	2	2
0	0	1	1	3	3
0	1	0	0	4	4
0	1	0	1	5	5
0	1	1	0	6	6
0	1	1	1	7	7

└── 符号付きの場合の符号ビット

(b) 1 の場合

2 進数表示				符号なし	符号付き
1	0	0	0	8	−8
1	0	0	1	9	−7
1	0	1	0	10	−6
1	0	1	1	11	−5
1	1	0	0	12	−4
1	1	0	1	13	−3
1	1	1	0	14	−2
1	1	1	1	15	−1

└── 符号付きの場合の符号ビット

3.2.3　2 の補数と数値演算

　正の数は，表 3.4(a) に示すように，符号なしの場合の MSB および符号付きの場合の符号ビットがともに 0 の場合であり，双方に変わりがなく，いわゆる通常の 2 進数の数値表記となります．負の数の場合は，同表 (b) のように 2 の補数となっており，正の数とは逆に 2 進数表記での最大値 $1111_{(2)}$ の場合に −1 となり，$1000_{(2)}$ で −8 となります．つまり，4 ビットの符号付きの整数では −8〜7 の範囲の値が使用できます．なお，小さな括弧の中の数値は基数を表しています．この場合は，2 進数表記ということです．

　一般的に，符号付きの N ビットの場合は，$-2^{(N-1)}$〜$2^{(N-1)}-1$ の範囲の値が使用できます．したがって，負の数の個数が正の場合より一つ多くなります．

　上述のように，負の数の表現には，2 の補数を使います．正の整数 N に対する 2 の補数（$-N$ を表現）は，以下のようにすると比較的簡単に求められます．このとき，ビット数は固定とします．

(1)　正の整数 N を 2 進数で表す．ただし MSB は 0 となるような範囲の N とする．

(2)　各ビットを反転（$1 \to 0$, $0 \to 1$）する．これを 1 の補数という．

(3)　その 1 の補数に 1 を加えて，2 の補数とする．

例）8 ビット，$N = 117_{(10)}$ の場合（図 3.1）：

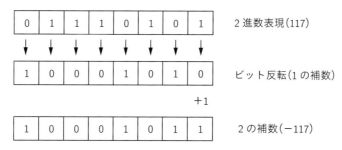

図 3.1　2 の補数の算出方法

　ここで求めた $117_{(10)}$ の 2 の補数である $1000\_1011_{(2)}$ は，本当に $-117_{(10)}$ なのでしょうか？試しに 2 進数の状態で $117_{(10)}$ に足してみましょう．$1000\_1011_{(2)}+1000\_1011_{(2)}=1\_0000\_0000_{(2)}$ となります．つまり，8 ビットという前提にたてば，最上位ビットの 1 は桁あふれで無視できるので，加算の結果が 0 になるわけです．$117_{(10)}$ に足して 0 になるということは，$-117_{(10)}$ であることがわかります．

　なぜ，このような値の構造（負は 2 の補数で表現）をするのでしょうか．それは，演算

回路を設計する場合に，大きなメリットがあるからです．すなわち，このような値の構造を取ると減算（負の値との加算）が，正の値どうしの加算と同じ演算回路を使用することができます．表 3.4 の 4 ビットの場合で考えてみましょう．符号なしで正の整数の加算，$9_{(10)}+3_{(10)}$ を実施すると，$1001_{(2)}+0011_{(2)}=1100_{(2)}$ となります．つまり，表 3.4 の符号なしからもわかるように，$12_{(10)}$ となります．計算が合っていることがわかります．これを符号付きの演算に置き換えてみます．表 3.4 より，$1001_{(2)}$ と $0011_{(2)}$ は，符号付きの場合は，-7 と 3 です．そして，その加算の結果である $1100_{(2)}$ は，符号付きの場合は，-4 になります．この場合でも，計算が合っていることがわかります．すなわち，符号付きの場合でも，符号なしの場合と同じ演算回路を使用すればよいことになり，回路規模を節約できます．ただし，演算自体が桁あふれ（オーバフロー）を起こさないことが前提です．

3.2.4　桁あふれと符号拡張

このように符号なしと符号付きの演算においては，演算回路を区別する必要はありません．ただし，一般的に符号付き演算では，演算される数値と演算結果とのビット幅をそろえる必要があります．ところが，SystemVerilog は signed をサポートしていますので，signed にしたら符号拡張を気にする必要はありません．プログラム 3.2 とプログラム 3.3 に signed を使った例を示します．

プログラム 3.2　4 ビット + 4 ビットの加算例

```
1  module ADD44 (
2    input  logic signed [3:0] A, B,   // 4 ビット
3    output logic signed [4:0] SUM     // 5 ビット
4  );
5    assign SUM = A + B;               // 加算
6  endmodule
```

図 3.2 にプログラム 3.2 の module のシミュレーションの結果を示します．シミュレーションは，FPGA 開発環境で用意されているシミュレータにより行いました．このシミュレーションは，計算結果がわかりやすいように 10 進数表記にしました．

このように，符号付きの演算結果において，正しい結果を返していることがわかります．

また，プログラム 3.3 の module のシミュレーション結果もプログラム 3.2 の module と同じようになります（当然，B が 3 ビットゆえの違いはあります）．これから，signed にしておくと符号拡張を考えなくてもよいことがわかります．

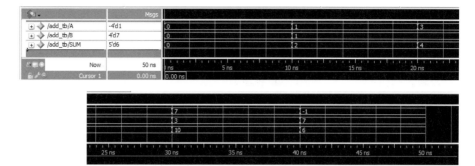

図 3.2 プログラム 3.2 の module のシミュレーション結果

プログラム 3.3 4 ビット + 3 ビットの加算例

```
1  module ADD43 (
2    input  logic signed [3:0] A,   // 4 ビット
3    input  logic signed [2:0] B,   // 3 ビット
4    output logic signed [4:0] SUM  // 5 ビット
5  );
6    assign SUM=A + B;              // 加算
7  endmodule
```

　一方，signed を使わない場合は，演算される数値が 4 ビットの場合，桁あふれ（オーバフロー）を起こさないようにするために演算結果を 5 ビットにする必要があります．つまり，演算される 4 ビットの数値を 5 ビットに拡張しなければなりません．この拡張例をプログラム 3.4 に示します．

プログラム 3.4 4 ビット + 4 ビットの拡張例

```
1  module ADD44_2 (
2    input  logic [3:0] A, B,  // 4 ビット
3    output logic [4:0] SUM    // 5 ビット
4  );
5    assign SUM = {A[3], A} + {B[3], B};  // ビット連結
6  endmodule
```

　このように，各数値（A，B）の最上位ビット（MSB）を，さらに上位に追加してビット拡張をします．MSB は符号を表すので，結果的に符号拡張になります．プログラム 3.4 の module のシミュレーション結果は，プログラム 3.2 の module と同じになります（図 3.2）．
　ところが，符号拡張をしないと，すなわちプログラム 3.4 の assign 文をプログラム 3.2 やプログラム 3.3 と同じ assign SUM=A+B; にしてしまうと，図 3.3 に示すように演算結果

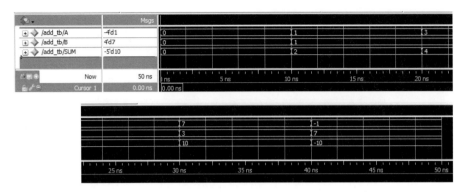

図 3.3　符号拡張をしなかった場合のシミュレーション結果

が正しくなくなりますので，注意が必要です．

　次に4ビットと3ビットの数値の演算の例をプログラム 3.5 に示します．ともに5ビットに拡張しています．

プログラム 3.5　4ビット＋3ビットの拡張例

```
1  module ADD43 (
2    input  logic [3:0] A,   // 4ビット
3    input  logic [2:0] B,   // 3ビット
4    output logic [4:0] SUM  // 5ビット
5  );
6    assign SUM = {A[3], A} + {B[2], B[2], B};  // 符号拡張
7  endmodule
```

　これからもわかるように，2ビット以上を拡張する場合は，符号ビットを繰り返し上位に追加して拡張します．このようにすれば，演算結果は，図 3.2 と同じになります．

　なぜ上位ビットに0を埋めていくのではなく，符号を拡張するのでしょうか？　実際に数値を入れてみます．

　プログラム 3.2 の4ビットどうしの演算の場合，$A = 5$，$B = -7$ のとき，符号拡張（太字）して

　　$\mathbf{0}0101_{(2)} + \mathbf{1}1001_{(2)} = 11110_{(2)}$ となり，$5_{(10)} - 7_{(10)} = -2_{(10)}$

となります．

　また，$A = -4$，$B = -8$ のときは，符号拡張（太字）して

　　$\mathbf{1}1100_{(2)} + \mathbf{1}1000_{(2)} = 10100_{(2)}$ となり，$-4_{(10)} - 8_{(10)} = -12_{(10)}$

となります．

　このように，確かに符号拡張すると，演算結果は正しいことがわかります．仮に符号では

なく 0 を埋めるようにしたら，結果が異なることになり演算結果は正しくなりません（図 3.3 の結果からも明らかです）.

一方，プログラム 3.3 の 4 ビットと 3 ビットの演算の場合は，$A = 7$，$B = -3$ のとき，符号拡張（太字）して

$00111_{(2)} + 11101_{(2)} = 00100_{(2)}$ となり，$7_{(10)} - 3_{(10)} = 4_{(10)}$

となります.

さらに $A = -6$，$B = -2$ のときは，符号拡張（太字）して

$11010_{(2)} + 11110_{(2)} = 11000_{(2)}$ となり，$-6_{(10)} - 2_{(10)} = -8_{(10)}$

となります. やはり，演算結果が正しく，符号拡張は有効であることがわかります.

なお，プログラム 3.5 の assign 文は，以下のように記載することもできます.

```
assign SUM ={A[3],A} + {{2{B[2]}},B};
```

このようにすると，拡張するビット数が複数のときに便利です.

また，以下のように記載することもできます.

```
assign SUM = 5'(signed'(A)) + 5'(signed'(B));
```

このように SystemVerilog では，符号のキャストとビット幅のキャストを組み合わせることもできます.

3.3 組合せ回路

ディジタル回路には，組合せ回路と順序回路があります. まずは組合せ回路から説明します. 組合せ回路は，入力の状態だけで出力が決まる回路です. その状態の組合せにもよりますが，原則的に入力が変わるとすぐに出力も変わります. このように，入力の論理値が決まれば出力の論理値は一意的に決まり，過去の入力情報（履歴）に影響されないため，入出力の論理を真理値表で表すことができます. 表 3.5 に基本的な論理演算の表記例を記載します.

上記の表記例では，基本的にビットごとの論理演算を行います. たとえば a=4'b1011，b=4'b1100 のとき，a & b=4'b1000 となります. また，C 言語と同じで，&&や||にすると，数値全体での演算になります.

表 3.5　論理演算の表記例

演算	論理記号	Verilog 演算子	記載例
NOT	$^-$	~	~ x
AND	$\cdot$ (×)	&	x & y
OR	+			x	y
XOR	$\oplus$ ($\veebar$)	^	x ^ y

3.3.1　論理ゲートを用いた組合せ回路

ハードウェアとしての組合せ回路は，上述の基本的な論理演算を実行する AND，OR，NOT などの論理ゲートを用い，それらを組み合わせることによって複雑な動作をする回路を構成します．たとえば，$X = \left(\overline{A} \cdot B\right) + \left(A \cdot \overline{C}\right)$ で論理が表される図 3.4 の論理回路があったとします．

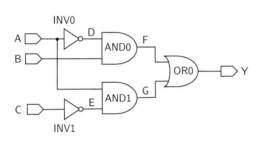

A	B	C	Y
0	0	0	0
0	0	1	0
0	1	0	1
0	1	1	1
1	0	0	1
1	0	1	0
1	1	0	1
1	1	1	0

(a) 回路図　　　　　　　　　　　　(b) 真理値表

図 3.4　論理ゲートによる組合せ回路

このディジタル回路を SystemVerilog でコーディングすると，プログラム 3.6 のようになります．assign を用いています．

プログラム 3.6　図 3.4 の SystemVerilog 記述（assign 文）

```
1  module COMBGATE(
2    input  logic A, B, C,
3    output logic Y
4  );
5    assign Y = (~A & B) | (A & ~C);
6  endmodule
```

SystemVerilog では回路をモジュール（module）単位で構成します．つまり，図 3.4 の回路を "モジュール" の枠に収めて定義します．そして，モジュールに接続する信号を "ポー

ト”として定義します．予約語“logic”により宣言された識別子は「信号線」や「変数」を表します．これらの宣言は省略できる場合もありますが，基本的にすべて宣言するようにしましょう．

上記の例では論理の記述に，assign 文を使っています．ここでは，優先順位を明確にするために，() を付けています．複数の演算子を組み合わせて記述する場合は，必ず括弧 () を付けましょう．

また，プログラム 3.7(a) のようにも記載することもできます．表 3.5 の予約語により表される論理ゲート（NOT, AND, OR, XOR）を使っています．こちらは，より実際の回路を意識したネットリスト的な記載です．気を付けないといけないのは，基本論理ゲート（プリミティブゲート）による記述では，各ゲートの () 内の引数のうち先頭の引数に対応するノードが出力になります．

論理ゲート（出力，入力 1，入力 2，......）

これを間違えると，シミュレーションで出力に'x' が出ます．

プログラム 3.7 図 3.4 のネットリスト記述

(a) ゲート名なし	(b) インスタンスを付与

```
1   module COMBGATE(
2     input  logic A, B, C,
3     output logic Y
4   );
5     logic D, E, F, G;
6     not (D, A);
7     and (F, D, B);
8     not (E, C);
9     and (G, A, E);
10    or  (Y, F, G);
11  endmodule
```

```
1   module COMBGATE(
2     input  logic A, B, C,
3     output logic Y
4   );
5     logic D, E, F, G;
6     not INV0 (D, A);
7     and AND0 (F, D, B);
8     not INV1 (E, C);
9     and AND1 (G, A, E);
10    or  OR0  (Y, F, G);
11  endmodule
```

さらに，プログラム 3.7(b) のように，図中の論理ゲートに名前（インスタンス名）を付けることもできます．このようにインスタンス名が明示されていると，回路中で論理ゲートや信号線を追いやすくなります．また，not や and は予約語なので必ずしもインスタンス名を付けなくてもよいのですが，それ以外はインスタンス名を付けて記述しますので，予約語であってもインスタンス名は必ず付けるようにしてください．

プログラム 3.6 とプログラム 3.7 の，module のシミュレーション結果を図 3.5 に示し

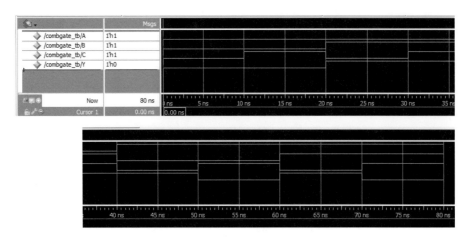

図 3.5　プログラム 3.6 とプログラム 3.7 の module のシミュレーション結果

ます.

　さらに, 組合せ回路の記述法として, assign と, always_comb があります. 複雑な組合せ回路には always_comb, 単純な演算の場合には assign が適しています. 特に条件文がある場合, assign でも, 条件演算子である「条件式 ? 真の場合の処理 : 偽の場合の処理」を使えば記載できますが (プログラム 3.8), case 文が使えないので, 視認性がよくありません.

プログラム 3.8　assign 文での条件分岐の例

```
1   module SELECTOR (
2     input  logic [1:0] sel,  // select
3     input  logic A, B, C, D,  // candidate
4     output logic out         // result
5   );
6     assign out = (sel == 2'b00) ? A : (  // assign + condition
7       (sel == 2'b01) ? B : (
8         (sel == 2'b10) ? C : D
9       )
10    );
11  endmodule
```

　この点, always_comb は case 文が使えるので, プログラム 3.9 のように記載がすっきりします.

プログラム 3.9　always_comb 文での条件分岐の例

```
1   module SELECTOR (
2     input  logic [1:0] sel,   // select
```

```
3    input  logic A, B, C, D,  // candidate
4    output logic out          // result
5  );
6    always_comb begin  // always_comb 文
7      case(sel)  // case 文
8        2'b00   : out = A ;
9        2'b01   : out = B ;
10       2'b10   : out = C ;
11       default : out = D ;
12     endcase
13   end
14 endmodule
```

プログラム 3.8 とプログラム 3.9 に記載の module のシミュレーション結果を図 3.6 に示します．2 ビットのセレクト信号（sel）によって四つの入力信号（A，B，C，D）のうち，一つの信号が出力（out）に選択されていることがわかります．

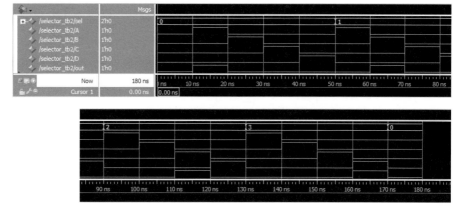

図 3.6 プログラム 3.8 とプログラム 3.9 の module のシミュレーション結果

3.3.2 加算回路

上記の NOT 回路，NAND 回路と NOR 回路を適宜組み合わせると，どんな組合せ回路も基本的に実現できます．ただし，段数と遅延の関係上，できるだけ少ない素子数で構成することが求められます．ここでは，加算回路について考えてみます．

加算できればいいのですから，SystemVerilog を使えば，プログラム的に回路図を意識せずに記述することもできます．プログラム 3.10 に一例を示します．このときは演算の桁数

をそろえてください. さらに, 桁あふれに対応するために, キャリー Cout を最上位ビット
に連結しています.

プログラム 3.10 4 ビット加算回路の SystemVerilog 記述例 1

```
1  module ADDER4(
2    input  logic [3:0] A, B,
3    input  logic Cin,
4    output logic [3:0] S,
5    output logic Cout
6  );
7    assign {Cout, S} = A + B + Cin;
8  endmodule
```

この記載で基本的に十分なのですが, ここではハードウェア的に回路図を交えて加算回
路を検討してみます. このようにハードウェア的な視点を備えると, 上記の加算回路の記
載の論理合成の結果をイメージできるようになります.

加算回路は, 足し算をする回路ですが, 半加算回路 (Half Adder, HA) と全加算回路
(Full Adder, FA) があります. 下位の桁からの桁上げ (キャリー, carry) を考慮しないも
のを半加算回路と, 考慮するものを全加算回路とそれぞれ呼んでいます. まずは, 半加算
回路の回路記号と真理値表を図 3.7 に示します. 図 (b) からわかるように, A と B の足し
算の結果が S であり, 桁上げが C になっています.

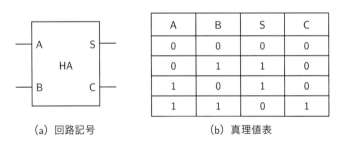

	A	B	S	C
	0	0	0	0
	0	1	1	0
	1	0	1	0
	1	1	0	1

(a) 回路記号　　　　　　(b) 真理値表

図 3.7 半加算回路

また, 図 3.8 に半加算回路の回路図を示します. 回路の実現形式にはいろいろあります.
図 (a) は, NOT 回路と NAND 回路, NOR 回路を使った例で, 図 (b) は, NOT 回路と NAND
回路だけで構成した例です.

この半加算回路の SystemVerilog 記述の一例をプログラム 3.11 に示します.

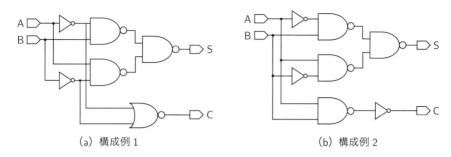

(a) 構成例1 (b) 構成例2

図 3.8 半加算回路の回路図

プログラム 3.11 半加算回路の SystemVerilog 記述の例

```
1  module Half_Adder(
2    input  logic A, B,
3    output logic S, C
4  );
5    assign S = A ^ B;
6    assign C = A & B;
7  endmodule
```

　このように，論理を簡素化しているものの，回路図を意識した記載になっているのがわかります.

　プログラム 3.11 の半加算回路のシミュレーション結果を図 3.9 に示します. 二つの 1 ビット信号（A, B）の加算結果（S）と桁上がり（C）を出力する加算回路であることがわかります.

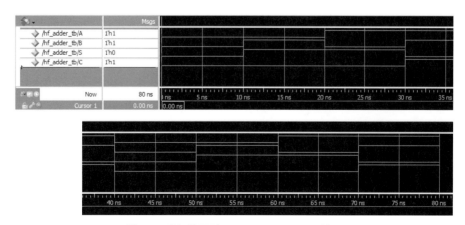

図 3.9 半加算回路のシミュレーション結果

また，図 3.10 に全加算回路のシンボルと真理値表を示します．この図に示すように，3
ビット入力（A，B，C_{in}）で 2 ビット出力（S，C_{out}）のバイナリ加算回路であることがわ
かります．

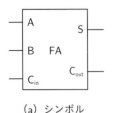

A	B	C_{in}	S	C_{out}
0	0	0	0	0
0	0	1	1	0
0	1	0	1	0
0	1	1	0	1

A	B	C_{in}	S	C_{out}
1	0	0	1	0
1	0	1	0	1
1	1	0	0	1
1	1	1	1	1

（a）シンボル　　　　　　　　　　　　　　（b）真理値表

図 3.10　全加算回路

図 3.11 に全加算回路の回路図を示します．この例では，半加算回路を二つ使って構成し
ていますが，真理値表に基づいて組合せ回路で設計することも可能です．

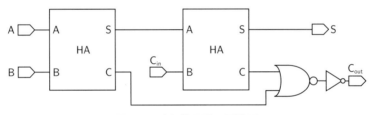

図 3.11　全加算回路の回路図

図 3.10, 3.11 の回路を SystemVerilog で記述してみましょう．これには，プログラム 3.11
の半加算回路の `Half_Adder` を呼び出して使います．

プログラム 3.12　全加算回路の SystemVerilog 記述例

```
1  module Full_Adder(
2    input logic A, B, Cin,
3    output logic S, Cout
4  );
5    logic ha0_S, ha0_C, ha1_C;
6    assign Cout = ha0_C | ha1_C;
7    Half_Adder HA0(.A(A), .B(B), .S(ha0_S), .C(ha0_C));
8    Half_Adder HA1(.A(ha0_S), .B(Cin), .S(S), .C(ha1_C));
9  endmodule
```

プログラム 3.12 の全加算回路のシミュレーション結果を図 3.12 に示します．二つの 1
ビット信号（A, B）と下位桁からの桁上がり（Cin）の加算結果（S）と桁上がり（Cout）

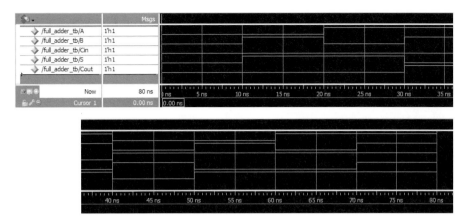

図 3.12 全加算回路のシミュレーション結果

を出力する加算回路であることがわかります.

3.3.3 4ビット加算回路

実際に全加算回路を使用するときは,通常複数ビットで使用します.図 3.13 に 4 ビットの加算回路の回路図を示します.同図のように,桁上げのためキャリーを上位ビットに伝搬させていきます.

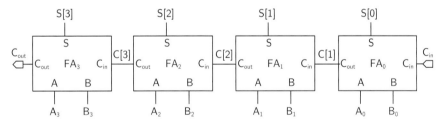

図 3.13 4ビット加算回路

この回路を SystemVerilog で記述したものをプログラム 3.13 に示します.プログラム 3.12 の Full_Adder を呼び出して使っています.回路図どおりなので,理解しやすいと思います.

プログラム 3.13 4ビット加算回路の SystemVerilog 記述例 2

```
1  module ADDER4(
2    input  logic [3:0] A, B,
3    input  logic Cin,
```

```
4    output logic [3:0] S,
5    output logic Cout
6  );
7    logic C1, C2, C3;
8    Full_Adder FA0(.A(A[0]), .B(B[0]), .Cin(Cin), .S(S[0]), .Cout(C1));    // bit 0
9    Full_Adder FA1(.A(A[1]), .B(B[1]), .Cin(C1),  .S(S[1]), .Cout(C2));    // bit 1
10   Full_Adder FA2(.A(A[2]), .B(B[2]), .Cin(C2),  .S(S[2]), .Cout(C3));    // bit 2
11   Full_Adder FA3(.A(A[3]), .B(B[3]), .Cin(C3),  .S(S[3]), .Cout(Cout));  // bit 3
12 endmodule
```

このように，ハードウェアをイメージして，それを SystemVerilog に置き換えるようにすれば，手間はかかりますが論理合成後の回路がブラックボックスではなくなります．どのレベルで記載するかは，設計者の判断になります．

図 3.14 にプログラム 3.13 の module のシミュレーション結果を示します．二つの 4 ビット信号（A，B）と下位桁からの 1 ビットの桁上がり（Cin）の加算結果（S）と桁上がり（Cout）を出力する加算回路であることがわかります．なお，図 3.14 では，A，B および S は，unsigned で表記しています．

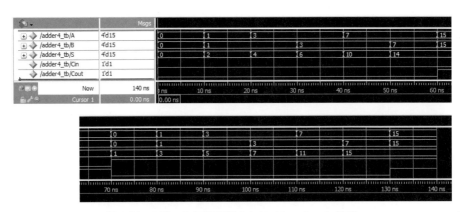

図 3.14　4 ビット加算回路のシミュレーション結果

3.3.4　減算回路

減算回路を SystemVerilog で書くと，プログラム 3.14 のようになります．4 ビットどうしの減算例です．基本的にプログラム 3.2 の加算を減算に変えたような記述です．

プログラム 3.14 4 ビット減算回路の SystemVerilog 記述例

```
1  module SUB44(
2    input  logic signed [3:0] A, B,
3    output logic signed [4:0] D
4  );
5    assign D = A - B ;
6  endmodule
```

このシミュレーション結果を図 3.15 に示します. 10 進数で表記しています.

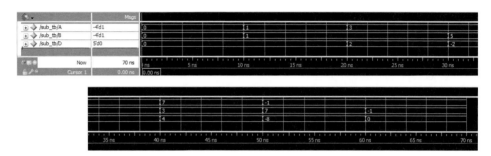

図 3.15 プログラム 3.14 の 4 ビット減算の Simulation 結果

SystemVerilog の記述としてはこれでよいのですが, ハードウェアについて少し述べます. 減算回路は, 3.2.3 項で述べたように, 2 の補数を加算することによって実現されます. 式で書くと次のようになります.

$$A - B = A + (-B) = A + (\overline{B} + 1)$$

$(\overline{B} + 1)$ は B の「2 の補数」表現です. したがって, 4 ビットの減算回路を全加算回路 (FA) で表現すると, 図 3.16 のようになります. FA の B 入力における○は反転論理を表します.

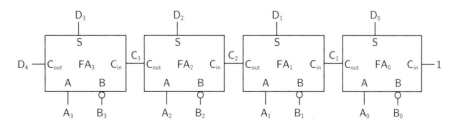

図 3.16 4 ビット減算回路

3.3.5　乗算回路

前の節で加算回路と減算（負の値との加算）回路について述べましたが，2 進数の乗算や除算は，加算回路や減算回路を用いて計算できます．ここでは，ディジタル回路による乗算回路について説明します．

まず，1 ビットどうし（X, Y）の乗算を以下に示します．4 通りのパターンがあります．乗算結果は，P（1 ビット）としています．

① $(X,Y) = (0,0)$ の場合，$P = 0$
② $(X,Y) = (0,1)$ の場合，$P = 0$
③ $(X,Y) = (1,0)$ の場合，$P = 0$
④ $(X,Y) = (1,1)$ の場合，$P = 1$

つまり，乗算結果 P は，P = X * Y となります．
次に X, Y が 4 ビットの場合（1100×1101）を計算してみます．

$$
\begin{array}{rrl}
X & 1\ 1\ 0\ 0 & \text{被乗数（multiplicand）} \\
Y & \times)\ 1\ 1\ 0\ 1 & \text{乗数（multiplier）} \\
\hline
& 1\ 1\ 0\ 0 & P_0 \\
& 0\ 0\ 0\ 0 & P_1 \\
& 1\ 1\ 0\ 0 & P_2 \\
& 1\ 1\ 0\ 0 & P_3 \\
\hline
P & 1\ 0\ 0\ 1\ 1\ 1\ 0\ 0 & \text{積（product）}
\end{array}
$$

部分積（partial product）

つまり，部分積を 1 桁づつ左へシフトして加算することにより積を求めることができます．これを一般化して式で書くと，以下のようになります．

$$
\begin{aligned}
&\boxed{\begin{aligned} X &= (y_{M-1}, y_{M-2}, \ldots, y_1, y_0) \\ Y &= (x_{N-1}, x_{N-2}, \ldots, x_1, x_0) \end{aligned}} \quad P = X * Y
\end{aligned}
$$

$$
\begin{aligned}
P &= \left(\sum_{j=0}^{M-1} y_j \cdot 2^j \right) \left(\sum_{i=0}^{N-1} x_i \cdot 2^i \right) \\
&= \sum_{i=0}^{N-1} \left(\sum_{j=0}^{M-1} x_i \cdot y_j \cdot 2^{i+j} \right)
\end{aligned}
$$

X が M ビットで，Y が N ビットなら，乗算結果 P は $M + N$ ビットになります．そして，乗算は，一つ前の段の部分積に ($x_i \cdot y_i$) の結果を加算した結果を，次の段の部分積へ入力していけばよいことがわかります．また，キャリー出力（C_{out}）は，1 ビット上位桁にずらして次の段のキャリー入力（C_{in}）に入れればよいことになります．

これを回路図にすると，図 3.17 のようになります．

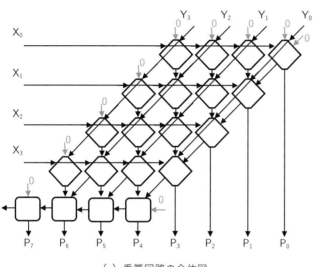

(a) 乗算回路の全体図

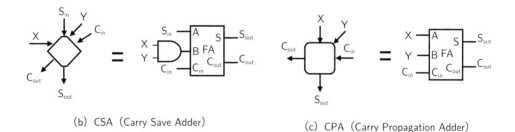

(b) CSA（Carry Save Adder）　　　(c) CPA（Carry Propagation Adder）

図 3.17　乗算回路の回路図 [12]

CSA（Carry Save Adder）や CPA（Carry Propagation Adder）の構成からわかるように，乗算回路は組合せ回路で実現できます．実際の SystemVerilog でのコーディングは，このような回路を意識しなくても書くことができます．プログラム 3.15 に記載例を示します．ただし，乗算結果のビット幅には気を付けてください．

プログラム 3.15　4 ビットと 3 ビットの乗算例

```
1  module MUL43 (
2    input  logic signed [3:0] X,  // 4 ビット
3    input  logic signed [2:0] Y,  // 3 ビット
4    output logic signed [6:0] P   // 7 ビット
5  );
6    assign P = X * Y;  // 乗算
7  endmodule
```

このシミュレーション結果を図 3.18 に示します．10 進数で表記しています．

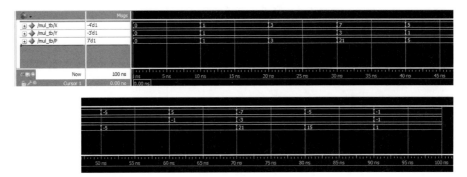

図 3.18　プログラム 3.15 の乗算のシミュレーション結果

3.3.6　除算回路

除算回路を SystemVerilog で書くとプログラム 3.16 のようになります．8 ビットと 4 ビットの除算例です．

プログラム 3.16　8 ビットと 4 ビットの除算例

```
1  module DIV84 (
2    input  logic signed [7:0] X,  // 8 ビット
3    input  logic signed [3:0] Y,  // 4 ビット
4    output logic signed [7:0] Q,  // 8 ビット
5    output logic signed [3:0] R   // 4 ビット
6  );
7    assign Q = X / Y;  // 商
8    assign R = X % Y;  // 剰余
9  endmodule
```

このシミュレーション結果を図 3.19 に示します．10 進数で表記しています．

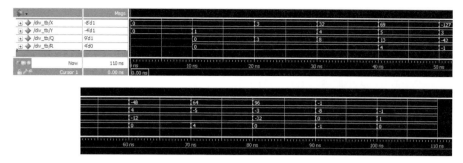

図 3.19　プログラム 3.16 の除算のシミュレーション結果

　除算回路のハードウェアは，上記の減算回路を使って実現できます．考え方としては，被除数（dividend）から除数（divisor）を引いていきます．何回引くことができるのかを数えた結果が商（quotient）で，残った結果が剰余（remainder）です．この回路を組合せ回路で実現することもできるのですが，非常に計算時間がかかる回路になってしまいます．そのため，通常は後に述べる順序回路でビットシフトさせます．詳しくは章末のコラムを参照してください．また，除算の高速化のためにいろいろなアルゴリズムが存在しますし，FPGA によっては，除算回路を IP（Intellectual Property）コアとして用意しています．

3.4　順序回路

　順序回路は，制御信号（通常はクロック）が入力されて，このクロックおよび入力信号の状態と回路の以前の状態とで出力が決まります．たとえば，順序回路の代表格であるフリップフロップ（FF）は，クロックの立ち上がりで入力を取り込むと同時に，その取り込んだ状態を出力します．出力後に入力やクロックが変化しても出力は保持されます．取り込んだ状態を記憶しているからです．したがって，FF が複数接続された状態では，各 FF においてはクロックに従って順番にデータが流れていきます．これを使えば，シフトレジスタや分周回路などが作成できます．

　SystemVerilog でラッチや FF を明示的に記載することはあまりありませんが，実際には論理合成後に多用されます．ここではまず，ラッチやフリップフロップの構造と動作から述べていきます．

3.4.1　ラッチ

　順序回路の基本素子であるラッチについて説明します．ラッチとは，制御信号に応じて入力データを取り込んで記憶し出力する回路素子です．ラッチ（latch）という語は，掛け金のことで制御信号によりデータを留めておくという意味合いです．前節で順序回路は，「制御信号および入力信号の状態と回路の以前の状態とで出力が決まります」と書きました．つまり，前の状態（現在の出力状態）が次の出力状態に関係します．したがって，入出力をマトリックス表記する真理値表では表せません．このため，順序回路には，現在の状態と次の状態を併せて記載する状態遷移表が用いられます．ラッチの代表例は D ラッチです．

　D ラッチは，一つの入力の値（0 か 1）を記憶するかどうかを，別途設けた制御端子への入力で制御できます．この制御端子には，通常クロック信号が用いられます．クロック CK は，論理 0 と 1 が一定周期 T で交互に現れる信号で，文字通り時間を規定するものです．組合せ回路は入力だけで出力が決まりますが，順序回路は前の状態（現在の状態）も関係するので，時間の概念が必要になってきます．このため，集積回路（Integrated Circuit, IC）では，クロック信号と順序回路を用いて，さまざまな信号の前後関係を決めています．基本的にクロック周期ごとに演算処理が行われていくので，クロック周波数が高い方が時間当たりの処理能力は高くなります．このため，PC の性能指標として，クロック周波数が使われています．

　図 3.20 に，D ラッチの回路記号とタイミング図を示します．D ラッチの動作を考えるには，クロック（CK）による制御動作を理解する必要があります．クロック（CK）により，以下の二つの制御が行われます．

①　クロック（CK）が，論理 1 のときは，入力（D）の論理値が出力（Q）にそのまま出力される（透過：transparent）
②　クロック（CK）が，論理 0 とときは，出力（Q）は前の状態が保持される（保持：hold）．

このようにクロック（CK）の電位で状態が決まるので，ラッチはレベルセンシティブだといわれます．

　図 (b) を見ると，クロック（CK）が論理 1 のときは，入力（D）の状態が，そのまま出力（Q）に現れています（①の制御）．また，クロック（CK）の論理 1 から 0 へ遷移したとき（立ち下がり時）の入力 D の状態が出力（Q）に保持されていることがわかります（②

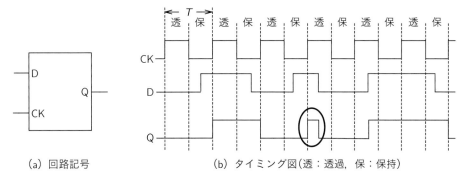

(a) 回路記号　　　　　　　(b) タイミング図(透:透過, 保:保持)

図 3.20　D ラッチ

の制御). そして, 前の出力 (Q) と現在の入力 (D) の論理状態が異なるときは, クロック (CK) が論理 1 から 0 へ遷移したとき (立ち上がり時) に次の出力 (Q) の論理が切り換わります. 特に気を付けないといけないことは, クロック (CK) が論理 1 のときに入力 (D) の状態が変わると, 図に丸で囲ったところのように非常に狭小なパルス信号 (グリッチ) が出力される場合があるということです. グリッチ (glitch) とは, 組合せ回路において, 複数の入力信号が時間的に近接して入力された場合に, その時間差が原因で出力に発生するひげ状のパルスのことをいいます. このようなパルス状の出力 (Q) は, 後段の回路によっては, 誤動作を引き起こす可能性があります.

　図 3.21 に D ラッチの回路図を示します. 図 (a) のように, D ラッチは組合せ回路により構成することができます. 記憶には, セット・リセットラッチ (SR ラッチ) を用いています. ただし, 実際の IC では, 図 (b) のトランスミッションゲート (Transmission Gate, TG) を利用しています. うまく作ると組合せ回路タイプより D ラッチをコンパクトに作れるからです.

　トランスミッションゲートとは, 図 3.21(b) に示すように, P 型 MOSFET (Metal Oxide Semiconductor Field Effect Transistor) と N 型 MOSFET からなる CMOS (Complementary MOS) 構造のスイッチです. 制御端子 (EN) が論理 1 のときに ON になって, IO_1 と IO_2 が導通します. EN が論理 0 のときは, OFF となって IO_1 と IO_2 は導通しません. このスイッチを使ってメモリセルへの書込制御を行うようして構成したのが, 図 (c) に示す D ラッチです. CK が論理 1 のときに一方のトランスミッションゲート (TG1) が ON になって, メモリセルに入力 (D) データを書き込むとともに, 出力 (Q) に入力 (D) を出力します (動作モード:透過). そして, CK が論理 0 になると, TG1 が OFF になるとともに他方のトランスミッションゲート (TG2) が ON になり, メモリセルを構成してデータを記憶し

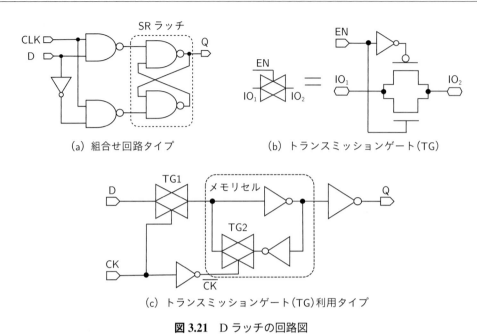

(a) 組合せ回路タイプ　　　　　　(b) トランスミッションゲート(TG)

(c) トランスミッションゲート(TG)利用タイプ

図 3.21　D ラッチの回路図

ます（動作モード：保持）．そのときは，メモリセルに保持されているデータが出力 Q に
現れることになります．

　D ラッチや次に説明するフリップフロップは，回路図を記述するというよりは，その
動作を always 文で記述するのが一般的です．プログラム 3.17 に記述例を記載します．
always_latch により明示的にラッチを宣言します．

プログラム 3.17　D ラッチの SystemVerilog 記述例

```
1  module D_LATCH(      // D ラッチ
2    input logic CK, D,
3    output logic Q
4  );
5    always_latch      // always_latch 文
6      if(CK) Q = D;   // CK = 1 のとき D を出力
7  endmodule
```

　図 3.22 にプログラム 3.17 の module のシミュレーション結果を示します．クロック（CK）
が論理 1 のときに入力（D）が出力（Q）に透過され，論理 0 のときに出力（Q）が保持さ
れているのがわかります．また，同図の白丸で示すように，入力（D）のタイミングによっ
ては，出力（Q）に狭小なパルス（グリッチ）が発生しています．

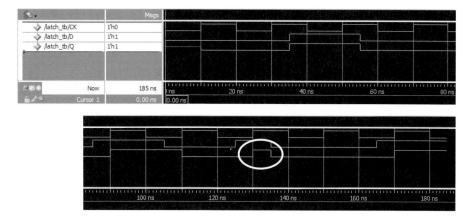

図 3.22 D ラッチのシミュレーション結果

3.4.2 フリップフロップ

　ラッチは，前の状態（現在の状態）を保持しておき，次の状態で出力（Q）に出すことが可能ですが，入力が変化した際に出力が変化する場合があります（Set/Reset や透過）．したがって，D ラッチで述べたように，狭小なパルスが出力（Q）に現れる場合があり，誤動作の原因になります．これを解決したのがフリップフロップ（Flip-Flop，FF）です．

　フリップフロップは，シーソーの左右の揺れの意味であり，シーソーのように論理 1 か 0 のどちらかに傾きます．その傾くタイミングは，クロックの立ち上がり（rising edge）か立ち下がり（falling edge）のみです．そして，どちらに傾くかは，クロックの立ち上がり時（もしくは立ち下がり時）の入力（D）の状態によって決まります．したがって，出力（Q）の変化するタイミングは，クロックの立ち上がり時（もしくは立ち下がり時）に限定されるので，フリップフロップは，エッジセンシティブ（エッジトリガ）といわれます．つまり，出力（Q）がクロック（CK）のエッジのタイミングで規定されるので，次に述べるように，実際の回路設計やタイミング解析が非常にしやすくなります．

　図 3.23 に D フリッププロップ（DFF）の回路記号と回路図を示します．図 3.23(a) に示すように，回路記号は D ラッチと似ていますが，クロック端子に三角のマークが入っており，これで区別しています．また，図 (b) に示すように，D ラッチを縦列接続した構成であり，プライマリ（primary）の D ラッチの出力（Q'）は，セカンダリ（secondary）の D ラッチの入力（D）に接続されています．プライマリとセカンダリの D ラッチには，クロック（CK）の反転と正転がそれぞれ入力されています．図 3.24 にタイミング図を示します．

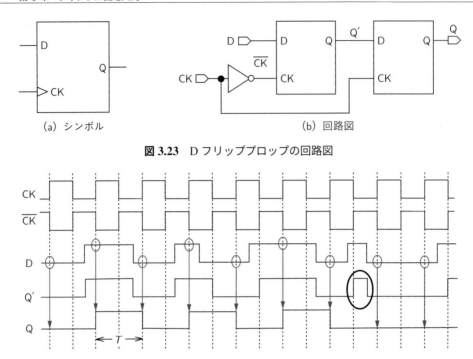

（a）シンボル　　　　　　　　　　（b）回路図

図3.23　Dフリッププロップの回路図

図3.24　Dフリッププロップのタイミング図

　各Dラッチの動作は，前述のものと同じですので，プライマリDラッチの透過期間の出力（Q'）には狭小パルス（グリッチ）が発生します．しかし，このときはセカンダリDラッチの保持期間ですので，このパルスはセカンダリDラッチには取り込まれません．したがって，セカンダリDラッチの出力（Q）には，図3.23(b)や図3.24に示すようにクロック（CK）の立ち上がり時の入力データ（D）が現れることになります．しかも，DFFの出力（Q）は，クロック（CK）に同期して出力されるとともに，クロック周期Tの整数倍の幅をもったパルスになります．そのため，後段の回路で誤動作が起きにくく，タイミング設計が非常にしやすくなります．

　DFFの 'D' はDelayの意味で，データラインにDFFを1個挿入すると，データを1クロック周期だけ遅延させることができます．このため，1クロックの遅延素子として使用されている最も重要な素子がフロップフロップです．Dラッチはクロック（CK）が論理1のときはデータが遅延せず，どんどん先に進んでいってしまうことを考えると，完全にクロック同期がかかるDFFは非常に使いやすい順序回路といえます．

　プログラム3.18にDFFのSystemVerilog記述を記載します．これもalways_ffでフリップフロップを明示的に宣言します．

プログラム 3.18 D フリップフロップの SystemVerilog 記述例

(a) リセットなし

```
1  module D_FF (
2    input  logic D ,CK,
3    output logic Q
4  );
5    always_ff @(posedge CK)
6    Q <= D;
7  endmodule
```

(b) 非同期リセットあり

```
1   module D_FF(
2     input  logic D,RB,CK,
3     output logic Q
4   );
5     always_ff @(posedge CK or negedge RB
        )
6       begin
7         if(RB==0)
8           Q <= 0;
9         else
10          Q <= D;
11      end
12  endmodule
```

図 3.25 にプログラム 3.18(a) の module のシミュレーション結果を示します．図 3.22 の D ラッチと比べるとわかるように，D フリップフロップでは D ラッチのようなグリッチが発生せず，1 クロック周期に応じた出力（Q）が得られることがわかります．

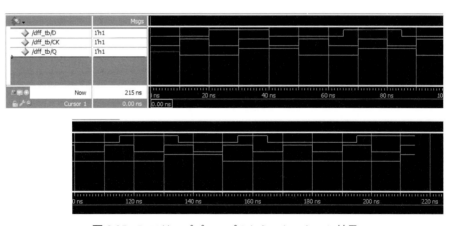

図 3.25 D フリッププロップのシミュレーション結果

図 3.26 にプログラム 3.18(b) の module のシミュレーション結果を示します．図 3.25 のリセットなしの D フリップフロップと比べると，非同期リセット（RB）が論理 0 のときは，出力（Q）が論理 0 になっています．

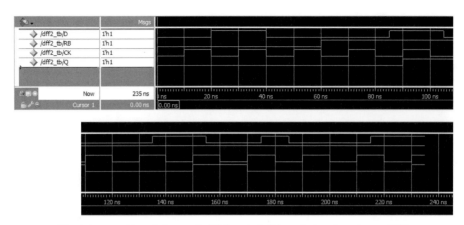

図 3.26 D フリップフロップ（リセットあり）のシミュレーション結果

3.4.3　**カウンタ**

　フリップフロップを使用する回路の代表格であるカウンタについて解説します．リセット（RB）が解除された後のクロック（CK）のトグル数をカウントします．プログラム 3.19 に SystemVerilog で記載した 4 ビットカウンタの例を示します．この記載は，プログラム 3.18 の DFF を明示的に記載しているわけではありません．always_ff 文を使ってカウンタの動作を記述しています．

プログラム 3.19　4 ビットカウンタの SystemVerilog 記述例

```
1  module COUNTER4(
2    input  logic CK, RB,
3    output logic [3:0] Q  // Count Output
4  );
5    always_ff @(posedge CK or negedge RB)
6      begin
7        if (RB==0) begin
8          Q <= 4'h0;
9        end
10       else begin
11         Q<= Q + 4'h1;
12       end
13     end
14 endmodule
```

　出力信号（Q）のビット幅は 4 ビットで，[3:0] と宣言しています．つまり，4 ビットのカウンタです．このように宣言すると 4 ビットの下位から順に Q[0], Q[1], Q[2], Q[3]

となります.

　また, `always_ff` 文でフリップフロップを明示的に宣言します. これにより, クロック (CK) の立ち上がりでカウンタ値を +1 し, リセット (RB) が 0 のときにカウンタ値を 0 にセットします.

　では, `always_ff` 文の中を解説します. '`@`' の後にはブロック内の文が処理されるタイミングを立ち上がり (posedge), または立ち下がり (negedge) で指定します. "posedge CK" と "negedge RB" は, それぞれ CK と RB の立ち上がりと立ち下がりをそれぞれ指定しています. "posedge CK or negedge RB" とすると, CK の立ち上がりか RB の立ち下がりのタイミングで, この `always_ff` 文が処理されます. CK の立ち上がりでカウンタ値を +1 するために, posedge CK を用いています. RB が 0 になったとき (1 から 0 に変わる瞬間) にカウンタ値を 0 にリセットするために, negedge RB を記述しています.

　続く if 文では, RB が 0 のときは Q に 0 を代入し, それ以外のときは Q に Q+1 を代入しています. "4'h0" と "4'h1" は定数を表現していて, それぞれが 4 ビットの 16 進数 (hexadecimal) で 0 と 1 です. ここでは, 代入の演算子として「<=」を使います. これはノンブロッキング代入と呼ばれる代入文です. 原則, `always_ff` 文中は, このノンブロッキング代入文を使用します. ノンブロッキング代入文で記載すると, 記載の順序に関係なく同時に実行されます. この例では, '`@`' で指定されたタイミングでノンブロッキングの代入操作が行われます. たとえば, いま A の値を 0, B の値を 1 とします. "A <= 2" に続いて "B <= A"」という文があると, 値の代入操作は指定されたタイミングに同時に行われるので, A の値は 2 になり B の値は 0 (元の A の値) になります.

　また, 他の演算子として '`=`' があります. これはブロッキング代入文と呼ばれます. ブロッキング代入文では, 記載した順に実行されます. たとえば同様に, A の値を 0, B の値を 1 とします. "A = 2" という文に続いて "B = A" という文があると, 値の代入操作は文が処理された瞬間に行われて A の値は 2 になり, 次の "B = A" で B の値も 2 になります. 複雑な組合せ回路を記述する際は, `always_comb` 文とブロッキング代入を使います.

　図 3.27 にプログラム 3.19 に記載の `module` のシミュレーション結果を示します. カウンタの出力は, 16 進数で表しています. リセット (RB) が解除 (論理 1) された後に, 0 から f までクロック (CK) に応じてカウントしていることがわかります.

　また, 桁あふれに対応したコードを記載しておきます. Carry Out を `CO` として出力に定義し, 最上位ビットにアサインして, {`CO`, `Q`} により 5 ビットに拡張し, 4 ビットが桁あふれになったら `CO` が論理 1 になります.

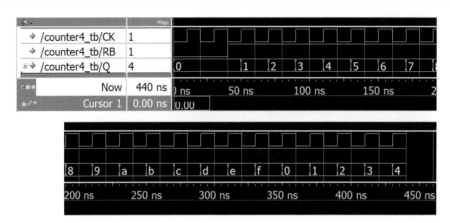

図 3.27　4 ビットカウンタのシミュレーション結果

プログラム 3.20　桁上がりを考慮した 4 ビットカウンタの SystemVerilog 記述例

```
1   module COUNTER4C(
2     input  logic CK, RB,
3     output logic [3:0] Q,
4     output logic CO
5   );
6     always_ff @(posedge CK or negedge RB) begin
7       if(RB==0) begin
8         {CO, Q} <= 5'h0;
9       end else begin
10        {CO, Q} <= Q + 4'h1;
11      end
12    end
13  endmodule
```

図 3.28 にプログラム 3.20 に記載の module のシミュレーション結果を示します.カウンタの値が f になったら,桁上がり(CO)が論理 1 になっているのがわかります.

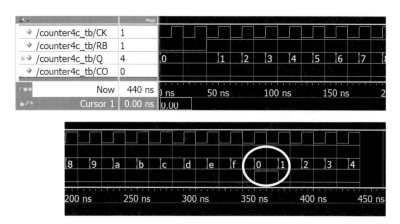

図 3.28 4 ビットカウンタ（桁上がり考慮）のシミュレーション結果

3.5 クロック同期回路の必要性

3.3 節の組合せ回路と 3.4 節の順序回路により，実際に論理回路を設計する場合は，通常はクロック同期回路にします．これについて説明します．

組合せ回路は，入力の状態によって出力がすぐに変わると書きました．つまり，インバータや NAND ゲート，NOR ゲートなどの基本的な論理回路素子（論理ゲートと呼びます）を組み合わせた論理回路においては，論理入力から出力までの遅延時間が論理回路によってまちまちです．基本的に論理ゲートと段数で決まるので，揃えることは実質的にできません．このため，複数の論理回路の出力でさらなる論理を組む場合には，その遅延時間の差によって狭小パルスであるグリッチが発生します．このグリッチは，論理回路の誤動作を引き起こす可能性があるため，グリッチが発生しないように設計で対応しなければなりません．このための方法が，クロック同期という手法です．クロック同期で設計された回路がクロック同期回路です．

図 3.29 にクロック同期の概念を示します．この図に示すように，組合せ回路がフリップフロップ（FF）で挟まれている構成です．前段の組合せ回路の論理演算結果を FF が出力するタイミングは，クロックによって規定されていますので，次段の組合せ回路の論理入力のタイミングが揃います．さらに，FF が出力を保持するためクロックの 1 周期の間は FF からの出力 Q は変化しませんので，グリッチが発生することはありません．このように，クロックのエッジを基準として論理演算処理を進めていく手法をクロック同期設計といいます．

この手法が成立するためには，各組合せ回路の論理確定に要する時間（遅延時間）がク

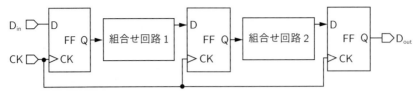

図 3.29　クロック同期回路の概念図

ロック周期よりも短いことが条件です．短ければ，組合せ回路 1 と 2 の遅延時間が揃っている必要はありません．この条件は，集積回路（IC）の設計時にタイミング検証として，必ずチェックされます．

3.6　まとめ

　本章では，SystemVerilog によるディジタル回路設計の基礎的な事項を，ハードウェアをイメージしながら解説しました．ハードウェア記述言語だけで LSI 設計をしていると，どうしても論理合成後のハードウェアを気にしなくなってしまいます．ハードウェアを気にしなくてよいのが論理合成技術のメリットですが，ディジタル回路設計の基礎を学ぶ段階で論理合成後のハードウェアについて理解しておくことは，決して無駄なことではありません．ある程度，経験のあるディジタル回路設計者には回り道のように感じられるかもしれませんが，後により複雑な回路設計をする場合に役立つのではないかと思います．

☕ *Column*　除算回路について

　基本的な動作を理解するために，8 ビットと 4 ビットの除算を 2 進数で行ってみます．説明を簡単にするために，被除数，除数ともに正であるとします．$X = 158_{(10)} = 10011110_{(2)}$，$Y = 10_{(10)} = 1010_{(2)}$ として，X/Y を計算してみます．2 進数で行うと，図 3.30 のようになります．

　計算過程を簡単に説明すると，X の上位 4 ビットから Y を減算できないので，Q に 0 を立てます．そして，X の上位 5 ビットから Y を減算して Q に 1 を立てます．その減算結果に Q の下位 3 ビット目を連結して（図中の矢印）再度 Y を減算します．減算できるので Q に 1 を立てます．以下，減算できなくなるまで繰り返します．その結果の余りが R になります．$Q = 011111_{(2)} = 15_{(10)}$，$R = 1000_{(2)} = 8_{(10)}$ となり，計算結果が正しいことがわかります．

　この動作をハードウェアで実現することを考えます．図 3.31 を見てください．

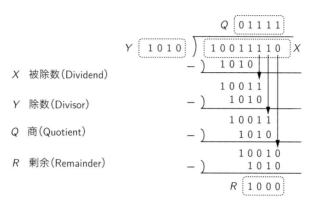

図 3.30　2 進数の除算例

X　被除数（Dividend）

Y　除数（Divisor）

Q　商（Quotient）

R　剰余（Remainder）

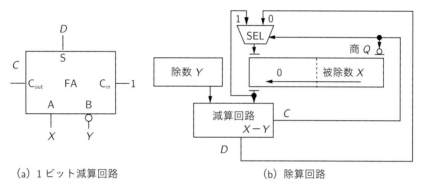

（a）1 ビット減算回路 　　　　　　（b）除算回路

図 3.31　除算回路の一例

　　まず，除数レジスタに除数 Y を入れます．そして，被除数 X の倍ビット幅の被除数
レジスタを用意し，その下位に被除数 X を入れ，上位は 0 クリアしておきます．そし
て，図 (a) の 1 ビット減算回路で 1 ビットごとに計算していきます．この減算回路には，
除数と被除数レジスタのそれぞれの左からの 1 ビットが順次入力されます．減算回路
のキャリー C は，減算できるときは 0 となり，減算できないときは 1 となります．つ
まり，キャリー C の否定論理が商となります．そして，被除数レジスタは 1 ビット左
にシフトして，その右の空いた 1 ビットにキャリー C の否定論理が商として格納され
ます．また，セレクタ SEL では，キャリー C が 0（減算可）のときは減算結果 D が，
キャリーが 1（減算不可）のときは元の値が被除数レジスタの左側に入るようにします．
これを繰り返していけば，同図の計算の手順で除算が実現されます．

　この方式は，一連の減算がすべて可能（＝キャリー C が常に 0）のときは，X と Y のビット数を N とすると N サイクルで終了します．一方，減算の結果がすべて不可能（＝キャリー C が常に 1）の場合は，次のサイクルで元に戻すという操作が必要になるので $2N$ サイクルが必要になります．この方法は，引き戻し法（Restoring Division），もしくは回復法と呼ばれます．

## 第 4 章

SystemVerliog による順序回路

本章では，EDA-012 ボード上で動作するスロットマシンを設計します．本設計を通して System Verilog を用いた順序回路の設計方法を解説します．

4.1　スロットマシン概要

　本章で設計するスロットマシンの概要を図 4.1 に示します．EDA-012 ボードに取り付けられた 7 セグメント LED である SEG1 と SEG0 がスロットの盤面です．EDA-012 ボードのリセットボタンを押した直後の状態では，スロット盤面の表示が 0 から F の範囲（16 進数表記）で高速に切り替わります（スロットの盤面が回転している状態を模擬しています）．プッシュスイッチの PSW0 を押すことで，SEG1，SEG0 の順で表示が固定されます．SEG1，SEG0 のどちらが固定されるかわかりやすくするために，固定する方の DP セグメント（7

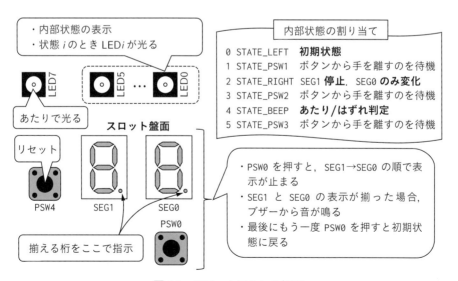

図 4.1　スロットマシンの概要

セグメント LED の右下の点）が点灯します．SEG1 と SEG0 の表示が固定された後，二つ
の数字が同じであれば，"あたり" とみなされ，ブザーから音が出ます．二つの数字が異な
る場合，スロットの "はずれ" とみなされ，ブザーから音が出ません．

　本章では，このような機能を有した順序回路の設計を行います．順序回路は，過去の状
態に応じて出力が時間とともに変化する論理回路です[*1]．順序回路には，現在の状態を記
憶する**ステートマシン（状態機械）**と呼ばれる特殊なレジスタが存在します．本章で設計
するステートマシンは，図 4.1 の "内部状態の割り当て" で示す状態を記憶します．内部状
態には個々の状態を一意に決められる数字が割り当てられており，その数字を "内部状態"
の割り当ての左側に示します．各状態の意図を理解しやすくするために，それぞれの状態
に STATE_ からはじまる名前も付けています．EDA-012 ボードのリセットボタンを押すと
ステートマシンの内部状態は "初期状態" となり，その後 PSW0 を押すたびに内部状態が変
化します．内部状態を視認するために，EDA-012 ボードの LED0 から LED5 を使用します．
内部状態が i のとき，LEDi が点灯します．たとえば，内部状態が 0 のとき（STATE_LEFT
のとき）LED 0 が光ります．スロットが "あたり"のときに，LED7 が点灯します．

　実際に回路設計を行うときを想定して，回路設計の順番にしたがって本章を構成していま
す．本章では FPGA で動作する順序回路設計の一般的な設計フローを解説しますので，こ
のフローを転用して，より複雑な機能を実装することも可能です．本章で設計するスロッ
トマシンのソースコードは，本書のサポートサイト[*2]で公開しています．ソースコードを参
考にしながら回路設計を行い，EDA-012 ボードで実機動作させることをおすすめします．

4.2　提供ソースコードの説明

　提供ソースコード中のスロットマシン回路のブロック図を図 4.2 に示します．トップモ
ジュール名は SLOT です．モジュール SLOT_CORE のインスタンスである core1 は，スロッ
トマシンの動作に必要な大部分の制御を行う回路です．あたり判定の場合に core1 が出力
EN_BUZZER の値を 1'b1 とし，モジュール BUZZER のインスタンスである buz1 は，440 Hz
の方形波をブザーに出力する回路です．図の左右に存在するピンが，トップモジュール SLOT
の入出力ピンです．入出力ピンの詳細を表 4.1 に示します．PSW，CK，RB の入力と，LED，
SEG_0，SEG_1 の出力からなり，前述のスロットマシンの動作を実現するために "説明" 欄
で示した機能を有します．

[*1]　順序回路について詳しくは 3.4 節参照.
[*2]　https://github.com/ohmsha/SystemVerilogNyumon

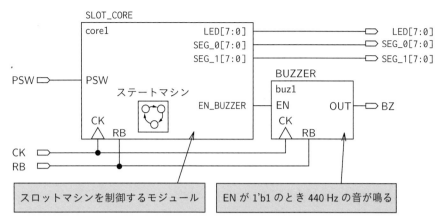

図 4.2 スロットマシン回路のブロック図

表 4.1 スロットマシン回路の入出力ピン

ピン名	向き	ビット幅	説明
PSW	input	1	PSW0 を押すと 1'b0 に，離すと 1'b1 になる
CK	input	1	クロック信号
RB	input	1	リセット信号 PSW4 を押すと 1'b0 になる．
LED	output	8	LED0 から LED7 の制御信号． 1'b0 のとき対応する LED が点灯する．
SEG_0	output	8	SEG_0 の制御信号
SEG_1	output	8	SEG_1 の制御信号

　入出力ピンの表や全体概要を示すブロック図の作成は，各モジュールの動作仕様の決定と並んで，最初に取りかかるべき重要な作業です．回路設計の見通しをよくするため，ゼロから回路を設計する場合には，入出力ピンの表や全体概要を示すブロック図の作成を推奨します．今回設計する回路では，ステートマシンをもつモジュールは一つだけですが，大規模な順序回路を設計する場合にはステートマシンをもつモジュールが複数になる場合もあります．

　次節よりこのソースコードを例に，順序回路設計手法を解説します．自身で Quartus Prime プロジェクトを立ち上げる場合は，第 2 章 2.2 節を参考に設定しましょう．以下の手順で行います．

1. 2.2 節の図 2.7 の通り，"New Project Wizard" を選択する．
2. 図 2.8 の画面で以下を設定する．

- 作業フォルダ：都合のよい場所を指定
- プロジェクト名：SLOT
- トップレベルデザイン名：SLOT

3. 図 2.9 右側の画面で，提供する以下の RTL ファイルを登録する．
- `SLOT_CORE.sv`
- `SLOT.sv`
- `seg_convert2.sv`
- `BUZZER.sv`

4. 図 2.10, 2.11 の通りに残りのプロジェクト設定を行い，図 2.12, 2.13 の通りに環境設定する．

5. プロジェクトトップ（SLOT.qpf があるフォルダ）に生成された SLOT.qsf の末尾に提供する SLOT_part.qsf の内容をコピーして追記する（メモ帳などのテキストエディタで.qsf ファイルを開きましょう）．

6. 図 2.20 の通りに，シミュレーション用のテストベンチ回路として，sim_SLOT.sv を指定する．

7. （オプショナル）シミュレーション設定ファイル sim_SLOT.do を指定する（p. 115 参照）．

以上の立ち上げをスキップしたい場合は，提供プロジェクトをそのまま使用しましょう．
SLOT.qpf をダブルクリックします．

🫖 *Column*　デバッグを早く終わらせるコツ 1：Quartus Prime のエラーログを見る

　実際に回路を設計する際には，早めにバグチェックを行うことをおすすめします．最後まで RTL コードを書き上げてから論理合成（1.4 節参照）を行うと，個々の箇所で蓄積されたバグが一気にレポートに表示されて，収拾が付かない危険性があります．個々のモジュールの中身はひとまず論理的に意味のないダミー状態でも大丈夫なので，早めに論理合成をかけて，Quartus Prime にバグチェック（文法ミスなど）をさせましょう．もし設計に文法的な問題がある場合，Quartus Prime 下部の "Messages" ウィンドウに赤色でエラーが出力されます．このメッセージをダブルクリックすることで，具体的なエラー箇所がハイライトされますので，早めにデバッグを終わらせましょう．そのほか，"Messages" ウィンドウにおいては，Warning や Critical Warning のレポートも

出力されます．これらはエラーではない一方で，意図通りの回路が合成されない可能性がある場合に表示されるメッセージです．必ず一度は目を通して，もしメッセージが出た場合には，無視できる Warning や Critical Warning だけが残されていることを確認しましょう．

Column　デバッグを早く終わらせるコツ 2：目視で回路図を確認

　設計した回路を目視することで，デバッグが早く進みます．論理合成が終わったタイミングで，Quartus Prime の "Tools" ⇒ "Netlist Viewers" ⇒ "RTL Viewer" を選択しましょう．図 4.3 のように，設計したモジュールの回路図を目視で確認できて，小規模な回路であればデバッグを行うことができます．表示されているモジュールをダブルクリックすることでさらに深い階層の回路図を確認できます．

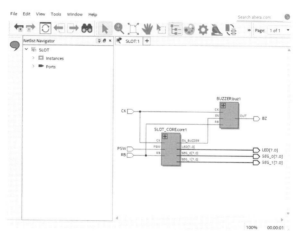

図 4.3　回路図の確認

Column　デバッグを早く終わらせるコツ 3：シミュレーションを行う

　回路の内部状態を精緻に理解できると，デバッグを高速に行えます．たとえば設計した回路中のレジスタの値がクロックサイクルごとに正しく更新されているかチェックすると，デバッグが高速化されるでしょう．このようなチェック方法を p. 114 で説明します．

4.3　提供 RTL コード

　提供するソースコードについて本節で示します．後の節で，これらの RTL コードを使って解説を行います．

　プログラム 4.1 は，図 4.2 に示した SLOT の RTL コードです．図 4.2 で生成されているインスタンスや入出力ピンなどが一致していることを確認しましょう．プログラム 4.2 はSLOT_CORE の RTL コードです．本章では，主にプログラム 4.2 を用いて順序回路の設計方法を説明します．プログラム 4.3 はブザーを制御する RTL モジュールです．第 2 章 2.3.4項で説明した音階鳴動回路がベースになっています．詳細は本章では述べませんが，EN が1'b1 になると，固定の周波数の音が連続して出力されて，スロットの "あたり" を知らせます．

　プログラム 4.4 は 7 セグメント LED を制御する組合せ回路です．第 2 章で説明したseg_convert（プログラム 2.5）とほぼ同じ機能をもちますが，DP セグメント部を SLOT_COREが制御できるように，RTL コードを改変しているため注意してください．4.5 節で詳細を説明します．

プログラム 4.1　トップモジュール SLOT の RTL コード

```
1   /*********************************************************************
2    * System Name :
3    * File Name   : SLOT.sv
4    * Contents    :
5    * Memo        :
6    *********************************************************************/
7
8   module SLOT(
9     input  logic CK,         // システムクロック
10    input  logic RB,         // リセット信号
11    input  logic PSW,        // プッシュスイッチ
12    output logic [7:0] LED,   // LED
13    output logic [7:0] SEG_0, // 7 セグ A 出力パターン
14    output logic [7:0] SEG_1, // 7 セグ B 出力パターン
15    output logic BZ
16  );
17
18  logic en_buz;
19
20  SLOT_CORE core1(
21    .CK(CK),                  // システムクロック
22    .RB(RB),                  // リセット信号
```

```
23    .PSW(PSW),              // プッシュスイッチ
24    .LED(LED),              // LED
25    .SEG_0(SEG_0),          // 7 セグ A 出力パターン
26    .SEG_1(SEG_1),          // 7 セグ B 出力パターン
27    .EN_BUZZER(en_buz)
28  );
29
30  BUZZER buz1(
31    .CK(CK),
32    .RB(RB),
33    .EN(en_buz),
34    .OUT(BZ)
35  );
36
37
38  endmodule
```

プログラム 4.2　SLOT_CORE の RTL コード

```
1   /************************************************************************
2    * System Name :
3    * File Name    : SLOT_CORE.sv
4    * Contents    :
5    * Memo        :
6    ************************************************************************/
7
8   module SLOT_CORE(
9     input  logic CK,              // システムクロック
10    input  logic RB,              // リセット信号
11    input  logic PSW,             // プッシュスイッチ
12    output logic [7:0] LED,       // LED
13    output logic [7:0] SEG_0,     // 7 セグ A 出力パターン
14    output logic [7:0] SEG_1,     // 7 セグ B 出力パターン
15    output logic EN_BUZZER
16  );
17
18    logic [ 3:0] slot_left;      // 左側のスロットカウンタ
19    logic        slot_left_dot;
20    logic [ 3:0] slot_right;     // 右側のスロットカウンタ
21    logic        slot_right_dot;
22    logic [24:0] psw_cnt;        // クロックのカウンタ
23    logic [24:0] slot_cnt;       // クロックのカウンタ
24    logic [ 2:0] state;          // 状態レジスタ
25
```

```systemverilog
26
27  //--- 固定値 #define と同じ ----------------------------------------------------------------
28
29  // 実機確認用
30    localparam PSW_COUNT  = 25'd2000000  - 25'd1;
31    localparam SLOT_COUNT = 25'd4000000  - 25'd1;
32
33  // シミュレーション用
34  //  localparam SLOT_COUNT = 25'd4;
35  //  localparam PSW_COUNT  = 25'd0;
36
37    localparam STATE_LEFT  = 3'd0; // SEG1, SEG0 両方変化
38    localparam STATE_PSW1  = 3'd1; // PSW が 1'b1 に戻るのを待つ
39    localparam STATE_RIGHT = 3'd2; // SEG0 のみ変化
40    localparam STATE_PSW2  = 3'd3; // PSW が 1'b1 に戻るのを待つ
41    localparam STATE_BEEP  = 3'd4; // あたり/はずれ 判定
42    localparam STATE_PSW3  = 3'd5; // PSW が 1'b1 に戻るのを待つ
43
44
45  //--- logic ----------------------------------------------------------------------------
46
47  // ブザーを鳴動させる条件を計算
48  always_comb begin
49    if((state==STATE_BEEP) && (slot_left == slot_right)) EN_BUZZER = 1'b1;
50    else EN_BUZZER = 1'b0;
51  end
52
53  // 内部状態に応じて LED の出力を変更
54  always_comb begin
55    case(state)
56      STATE_LEFT  : LED = ~{EN_BUZZER, 7'h01};
57      STATE_PSW1  : LED = ~{EN_BUZZER, 7'h02};
58      STATE_RIGHT : LED = ~{EN_BUZZER, 7'h04};
59      STATE_PSW2  : LED = ~{EN_BUZZER, 7'h08};
60      STATE_BEEP  : LED = ~{EN_BUZZER, 7'h10};
61      STATE_PSW3  : LED = ~{EN_BUZZER, 7'h20};
62      default     : LED = 8'h00;
63    endcase
64  end
65
66  // 左の桁を揃えている時に，7 セグメント LED の DP セグメントを光らせる
67  always_comb begin
68    slot_left_dot = (state == STATE_LEFT) ? 1'b1 : 1'b0;
69  end
```

```
 70
 71    // 右の桁を揃えている時に，7 セグメント LED の DP セグメントを光らせる
 72    always_comb begin
 73      slot_right_dot = (state == STATE_RIGHT) ? 1'b1 : 1'b0;
 74    end
 75
 76    // 内部状態の更新
 77    always_ff @(posedge CK or negedge RB) begin
 78      if(RB==1'b0) begin
 79        state <= STATE_LEFT;
 80      end
 81      else if(psw_cnt == PSW_COUNT) begin
 82        case(state)
 83          STATE_LEFT: begin
 84            if(PSW==1'b0) begin
 85              state <= STATE_PSW1;
 86            end
 87          end
 88
 89          STATE_PSW1: begin
 90            if(PSW==1'b1) begin
 91              state <= STATE_RIGHT;
 92            end
 93          end
 94
 95          STATE_RIGHT: begin
 96            if(PSW==1'b0) begin
 97              state <= STATE_PSW2;
 98            end
 99          end
100
101          STATE_PSW2: begin
102            if(PSW==1'b1) begin
103              state <= STATE_BEEP;
104            end
105          end
106
107          STATE_BEEP: begin
108            if(PSW==1'b0) begin
109              state <= STATE_PSW3;
110            end
111          end
112
113          STATE_PSW3: begin
```

```systemverilog
114            if(PSW==1'b1) begin
115              state <= STATE_LEFT;
116            end
117          end
118
119      endcase
120    end
121  end
122
123  // チャタリングによる PSW の誤入力を防ぐためのカウンタ
124  // 81 行目で使用．サンプリング速度を落とす
125  always_ff @(posedge CK or negedge RB) begin
126    if(RB==1'b0) begin
127      psw_cnt <= 0;
128    end
129    else if(psw_cnt == PSW_COUNT) begin
130      psw_cnt <= 0;
131    end
132    else begin
133      psw_cnt <= psw_cnt + 25'd1;
134    end
135  end
136
137  // スロットの表示更新時間（次の数字が表示されるまでの時間）
138  always_ff @(posedge CK or negedge RB) begin
139    if(RB==1'b0) begin
140      slot_cnt <= 0;
141    end
142    else if(slot_cnt == SLOT_COUNT) begin
143      slot_cnt <= 0;
144    end
145    else begin
146      slot_cnt <= slot_cnt + 25'd1;
147    end
148  end
149
150  // 左の桁に表示する数字
151  always_ff @(posedge CK or negedge RB) begin
152    if(RB==1'b0) begin
153      slot_left <= 4'd0;
154    end
155    else if(slot_cnt == SLOT_COUNT) begin
156      case(state)
157        STATE_LEFT: begin
```

```
158            slot_left <= slot_left + 4'd1;
159         end
160      endcase
161    end
162 end
163
164 // 右の桁に表示する数字
165 always_ff @(posedge CK or negedge RB) begin
166   if(RB==1'b0) begin
167     slot_right <= 4'd0;
168   end
169   else if(slot_cnt == SLOT_COUNT) begin
170     case(state)
171       STATE_LEFT: begin
172         slot_right <= slot_right + 4'd1;
173       end
174       STATE_PSW1: begin
175         slot_right <= slot_right + 4'd1;
176       end
177       STATE_RIGHT: begin
178         slot_right <= slot_right + 4'd1;
179       end
180     endcase
181   end
182 end
183
184 // 左の桁の 7 セグメント LED に入力する信号を計算
185 seg_convert2 sc1(              // 数値を 7 セグの表示パターンに変更する
186   .SEG_IN({1'b0,slot_left}),   // d_cnt の 1 桁目を接続する
187   .SEG_EN(1'b1),               // enable 信号 (この回路では常に ON)
188   .DOT(slot_left_dot),         // 右下のドットの制御
189   .SEG_OUT(SEG_1)              // SEG_0 に表示するパターン
190 );
191
192 // 右の桁の 7 セグメント LED に入力する信号を計算
193 seg_convert2 sc0(
194   .SEG_IN({1'b0,slot_right}),  // d_cnt の 2 桁目を接続する
195   .SEG_EN(1'b1),               // enable 信号 (この回路では常に ON)
196   .DOT(slot_right_dot),        // 右下のドットの制御
197   .SEG_OUT(SEG_0)              // SEG_1 に表示するパターン
198 );
199
200 endmodule
```

プログラム 4.3　BUZZER の RTL コード

```
1   /************************************************************************
2    * System Name :
3    * File Name   : BUZZER.sv
4    * Contents    :
5    * Memo        :
6    ************************************************************************/
7
8   module BUZZER(
9     input  logic CK,
10    input  logic RB,
11    input  logic EN,
12    output logic OUT
13  );
14
15  logic [14:0] cnt;
16
17  parameter A4  = 15'd13635;
18
19  always_ff @(posedge CK or negedge RB)begin
20    if(RB==1'b0) begin
21      cnt <= 15'd0;
22    end
23    else if(cnt == A4)begin
24      cnt <= 15'd0;
25    end else begin
26      cnt <= cnt + 15'd1;
27    end
28  end
29
30  always_ff @(posedge CK or negedge RB)begin
31    if(RB==1'b0) begin
32      OUT <= 1'b0;
33    end
34    else if(cnt == A4 && EN==1'b1)begin
35      OUT <= ~OUT;
36    end
37  end
38
39  endmodule
```

プログラム 4.4 seg_convert2 の RTL コード

```
1  /**********************************************************************
2   * System Name :
3   * File Name   : seg_convert.sv
4   * Contents    : 7 セグメント LED へのパターン変換 2
5   * Model       :
6   * FPGA        :
7   * Author      :
8   * History     :
9   * Memo        :
10   **********************************************************************/
11  module seg_convert2(
12    input  logic [4:0]SEG_IN, // 表示する値
13    input  logic SEG_EN,      // EN 信号
14    input  logic DOT,
15    output logic [7:0]SEG_OUT // 7SEG へ出力するパターン
16  );
17
18  //--- parameter -----------------------------------------------------
19  parameter SEG_P0   = 8'b0000_0011;  // 0
20  parameter SEG_P1   = 8'b1001_1111;  // 1
21  parameter SEG_P2   = 8'b0010_0101;  // 2
22  parameter SEG_P3   = 8'b0000_1101;  // 3
23  parameter SEG_P4   = 8'b1001_1001;  // 4
24  parameter SEG_P5   = 8'b0100_1001;  // 5
25  parameter SEG_P6   = 8'b0100_0001;  // 6
26  parameter SEG_P7   = 8'b0001_1111;  // 7
27  parameter SEG_P8   = 8'b0000_0001;  // 8
28  parameter SEG_P9   = 8'b0000_1001;  // 9
29  parameter SEG_PA   = 8'b0001_0001;  // A
30  parameter SEG_Pb   = 8'b1100_0001;  // b
31  parameter SEG_Pc   = 8'b1110_0101;  // c
32  parameter SEG_Pd   = 8'b1000_0101;  // d
33  parameter SEG_PE   = 8'b0110_0001;  // E
34  parameter SEG_PF   = 8'b0111_0001;  // F
35
36
37  parameter SEG_PM   = 8'b1111_1101;  // マイナス
38  parameter SEG_POFF = 8'b1111_1111;  // 消去
39
40  assign SEG_OUT = convert({SEG_EN,SEG_IN});
41
42  function [7:0] convert(input [5:0] in);
43    casex (in)
```

```
44      6'b00_xxxx : convert = SEG_POFF ^ {7'b0000000,DOT};
45
46      6'b10_0000 : convert = SEG_P0 ^ {7'b0000000,DOT};
47      6'b10_0001 : convert = SEG_P1 ^ {7'b0000000,DOT};
48      6'b10_0010 : convert = SEG_P2 ^ {7'b0000000,DOT};
49      6'b10_0011 : convert = SEG_P3 ^ {7'b0000000,DOT};
50      6'b10_0100 : convert = SEG_P4 ^ {7'b0000000,DOT};
51      6'b10_0101 : convert = SEG_P5 ^ {7'b0000000,DOT};
52      6'b10_0110 : convert = SEG_P6 ^ {7'b0000000,DOT};
53      6'b10_0111 : convert = SEG_P7 ^ {7'b0000000,DOT};
54      6'b10_1000 : convert = SEG_P8 ^ {7'b0000000,DOT};
55      6'b10_1001 : convert = SEG_P9 ^ {7'b0000000,DOT};
56      6'b10_1010 : convert = SEG_PA ^ {7'b0000000,DOT};
57      6'b10_1011 : convert = SEG_Pb ^ {7'b0000000,DOT};
58      6'b10_1100 : convert = SEG_Pc ^ {7'b0000000,DOT};
59      6'b10_1101 : convert = SEG_Pd ^ {7'b0000000,DOT};
60      6'b10_1110 : convert = SEG_PE ^ {7'b0000000,DOT};
61      6'b10_1111 : convert = SEG_PF ^ {7'b0000000,DOT};
62
63      6'b11_0000 : convert = SEG_PM ^ {7'b0000000,DOT};
64
65      default    : convert = 8'b0000_0000 ^ {7'b0000000,DOT};
66    endcase
67  endfunction
68
69  endmodule
```

4.4　レジスタ部の設計

　順序回路の最も重要な部分である，レジスタを使用したステートマシンの設計方法について説明し，さらにレジスタを使った回路の設計方法について述べます．

4.4.1　ステートマシンのための状態遷移図

　ステートマシンは順序回路の現状態を記憶するレジスタです．現状態と入力信号の値に基づいて次状態を決定します．状態遷移図を作成すると，ステートマシンを視覚的に理解できます．図 4.4 は，SLOT_CORE の状態遷移図です．円内の数字が内部状態を意味し，矢印が状態の遷移先を示します．矢印上の四角で囲まれた単語が遷移条件を意味します．SLOT_CORE

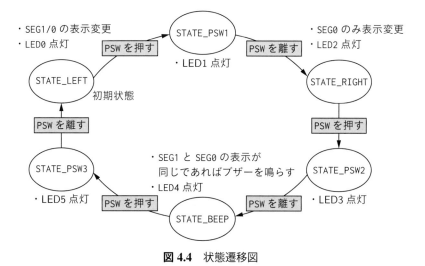

図 4.4　状態遷移図

では，100 数十ミリ秒ごとに遷移条件を確認しており，PSW が押されると状態が遷移します．円の周囲に書かれた列挙部分に，各状態で SLOT_CORE が行う処理を書いています．回路設計の見通しをよくするため，小規模な順序回路を設計する場合には，まずは状態遷移図を作図して，順序回路の動作を整理することを推奨します．

4.4.2　ステートマシンのための RTL コード

状態遷移図の作成が完了したら，RTL コードの作成に取りかかります．まず，直後で使用する parameter 文，localparam 文を説明します．これらの文はパラメータを設定する文です．以下の通り，任意の文字列（input などの予約語を除く）に対して値を割り当てることができます．parameter 文の解説はプログラム 4.5 の通りです．

プログラム 4.5　parameter 文

```
1  // シンタックス
2  parameter  parameter1_name = parameter1_value;
3  localparam parameter2_name = parameter2_value;
4
5  // 例 1: パラメータ digital_value に 8'd100 を割り当てる場合
6  localparam digital_value = 8'd100;
7
8  // 例 2: パラメータ digital_value_bar に digital_value のビット反転値を割り当てる場合
9  parameter  digital_value_bar = ~digital_value;
```

　　parameter と localparam の違いは，モジュール外からパラメータの値を上書きできる
か否かです．プログラム 4.6 に具体例を示します．この例では，モジュール A の中で，A1 と
A2 がそれぞれ parameter, localparam で定義されています（5 行目，6 行目）．モジュー
ル B の中で，A のインスタンス I0 を生成しています（15 行目，16 行目）．15 行目，16 行
目にてインスタンス I0, I1 の各パラメータの値を，モジュール名とインスタンス名の間に
#(. パラメータ名 (パラメータ値)) という形式でモジュール A の外から上書きしています．
15 行目のように parameter に対する上書きは成功しますが，16 行目のように localparam
に対する上書きは失敗します．

　　回路の大きさなどを決めるパラメータ（ビット幅，アドレス幅など）が可変の状態でモ
ジュールを設計し，パラメータを指定してインスタンス生成をする場合は parameter 文を
積極的に使用しましょう．他方，後に示すステートマシンの状態番号など，モジュール外
から上書きする必要のないパラメータには積極的に localparam を割り当てましょう．

プログラム 4.6　パラメータの上書き

```
1   module A(
2     input  logic A_in;
3     output logic A_out;
4   );
5     parameter  A1 = 1;
6     localparam A2 = 2;
7     // ...
8   endmodule
9
10  module B(
11    input  logic B_in;
12    output logic B_out;
13  );
14
15    A #(.A1(3)) I0(.A_in(B_in), .B_in(B_out)); // OK (インスタンス I0 内の A1 の値を 3
        に上書き)
16    A #(.A2(4)) I1(.A_in(B_in), .B_in(B_out)); // エラー
17
18  endmodule
```

　　プログラム 4.2 に示した SLOT_CORE の RTL コードの 37 行目から 42 行目の部分に示す
とおり，まず localparam 文を使用して内部状態に名前を付けてください．内部状態を数
字 (0, 1, . . . , 5) で管理することも可能ですが，回路が大規模化すると見通しが悪くなるた
めです．なお，今回の設計では状態数（図 4.4 の円の個数）は 6 です．したがって，状態

記憶に最低でも 3 ビット分のレジスタ（2^3 通り = 8 通りだけ記憶可能）が必要であることに注意してください．このため，parameter 化する状態値も 3'd0 のように 3 ビット値にしています．

次に，プログラム 4.2 の 24 行目に示すとおり，logic 文を使用して，内部状態を記憶するレジスタを 3 ビット分宣言します．本章では内部状態を記憶するレジスタを state とします．このレジスタの遷移（図 4.4 の矢印で示した遷移）を実装するために，プログラム 4.2 の 76 行目から 121 行目の部分で示した always_ff 文を作成します．

状態遷移の基本形をプログラム 4.7 に示します．2 行目の if 文にて，リセット信号を押したときの処理を書きます．リセット時は state に初期状態の値を代入することが一般的です．以降の case 文にて，状態遷移の定義を行います．たとえば 6 行目から 8 行目の部分で，状態 0 の遷移先および遷移条件（例：図 4.4 の STATE_LEFT から延びる矢印部分）を記載します．

プログラム 4.7　状態遷移の基本形

```
1   always_ff @(posedge CK or negedge RB) begin
2     if(RB==1'b0) begin
3       ここにリセット処理を書く
4     end
5     else case(state)
6         状態 0: begin
7           状態 0 からの遷移先および遷移条件
8         end
9         状態 1: begin
10          状態 1 からの遷移先および遷移条件
11        end
12        ...
13      endcase
14    end
```

プログラム 4.7 に示した always_ff 文が状態遷移の基本形と述べましたが，今回のサンプルプログラムは少し異なります．内部状態を記憶するレジスタ state の遷移規則がプログラム 4.2 の 76 行目から 121 行目に書かれています．概ね同じ基本形をしていますが，81 行目に書かれた部分が異なります．本来，クロックサイクルごとに state の更新を行いますが，チャタリングの問題（4.4.3 項および同項のコラム "サンプリング時間を落とす理由" にて説明）を低減するために，サンプリング時間を落として state の更新を行っています．このため，state の更新は，クロックサイクルごとではなく，100 数十ミリ秒ごとに低速化されています．

☕ *Column*　ノンブロッキング代入とブロッキング代入

　プログラム 4.2 の 76 行目から 121 行目を見ると，レジスタに値を代入する際に，C言語などでよく見かける代入演算子 "=" ではなく "<=" が使用されています．"<=" はノンブロッキング代入と呼ばれ，他方 "=" はブロッキング代入と呼ばれています．

　ブロッキング代入は，C言語などと同じように，上から順番にレジスタの値を更新する手続きを意味します．一方で，ノンブロッキング代入は，記述の順番に依存せずにレジスタの値を更新する手続きを意味します．プログラム 4.8 に例を示します．

　data_in と data_out は，それぞれ設計モジュールの 1 ビット入力，1 ビット出力を想定しています．"ブロッキング代入の例" と書かれた上側のモジュール m0 の例では，CK 信号の立ち上がりとともに，レジスタ a と b の値がともに data_in に更新されます．ブロッキング代入においては，上から順番にレジスタの値を更新するためです．他方で"ノンブロッキング代入の例" と書かれた上側のモジュール m1 の例では，CK 信号の立ち上がりとともに，レジスタ a は data_in に更新され，レジスタ b は a（CK 信号の立ち上がり前の値）に更新されます．回路図で示すと，図 4.5 の通りとなります．合成結果が全く異なることに注意しましょう．

　ブロッキング代入を使用すると，RTL コードの前後を気にして設計する必要があり，コードが大規模化すると設計の見通しが悪くなります．always_ff 文の内部では，ノンブロッキング代入を必ず使用しましょう．

プログラム 4.8　ノンブロッキング代入とブロッキング代入

```
// ブロッキング代入の例
module m0(
  input  logic CK,      // クロック
  input  logic data_in, // data_in: 1ビット入力
  output logic data_out // data_out: 1ビット出力
);
  logic a;
  logic b;
  always_ff @(posedge CK) begin
    a = data_in;
    b = a;
  end
  assign data_out = b;
endmodule

// ノンブロッキング代入の例(こちらを使用しましょう)
module m1(
```

```
  input  logic CK,     // クロック
  input  logic data_in, // data_in: 1ビット入力
  output logic data_out // data_out: 1ビット出力
);
  logic a;
  logic b;
  always_ff @(posedge CK) begin
    a <= data_in;
    b <= a;
  end
  assign data_out = b;
endmodule
```

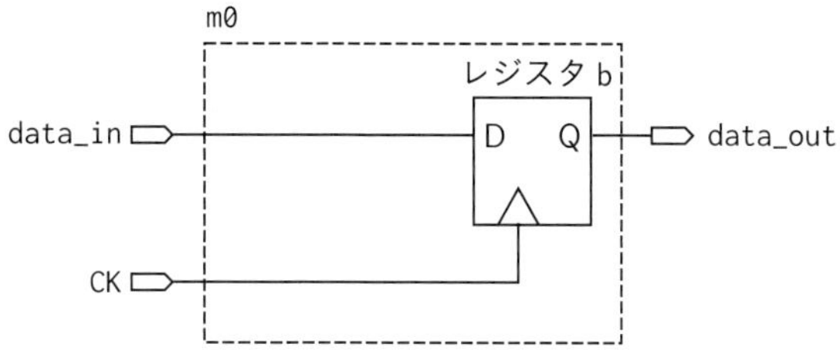

m0

(a) ブロッキング代入

m1

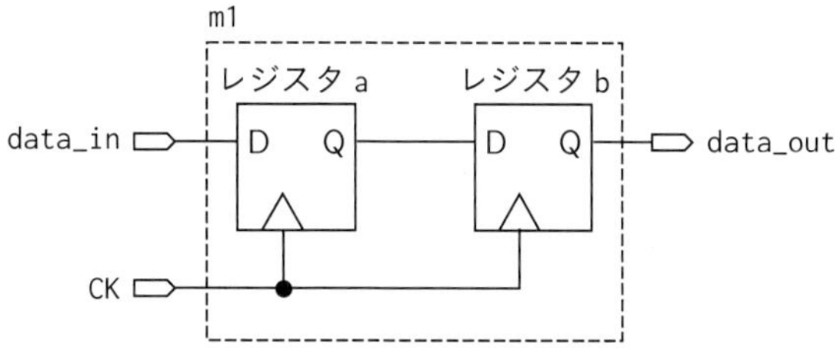

(b) ノンブロッキング代入(こちらを使用しましょう)

図 4.5 プログラム 4.8 に対応する回路図

4.4.3 その他レジスタ部

　内部状態記憶用のレジスタ以外のレジスタについても同様に，case 文を使用すると設計の見通しがよくなります．たとえば，スロットマシンのサンプル環境においては，プッシュスイッチの ON/OFF の確認を行う時間間隔を長くする（サンプリング時間を遅くする）目的で，psw_cnt というレジスタを用意しています．このレジスタはクロックサイクルごと

に 1 を加算するというカウンタ回路になっており，所望の値までカウントするとゼロにリセットされます．2 000 000 回（PSW_COUNT）カウントが終わったクロックサイクルのみにおいて，81 行目の通りに state の更新を行い，チャタリングの問題を低減しています．これはプログラム 4.2 の 123 行目から 135 行目に対応します．このサンプルコードのように，ステートマシンの値をもとに，case 文で場合分けしてレジスタの更新を行うと，見通しよく回路設計が行えます．

🫖 *Column*　サンプリング時間を落とす理由

　本書で使った FPGA のクロック周波数は 12 MHz で，プッシュスイッチなどの機械的な変化より，クロックが圧倒的に高速に変化します．このため，チャタリング（プッシュスイッチを押したときに機械的な接触不良により，ON/OFF が短い時間の間，不安定に変動する現象）を FPGA が拾ってしまう問題があり，本来意図していた「プッシュスイッチを押したら 1'b0，離したら 1'b1」という意図通りの動作が実現できません．本章では，サンプリング時間を落として ON/OFF 判定をすることで，チャタリングの問題を低減する回路を設計しています．

　プログラム 4.2 の 137 行目から 148 行目にかけては，スロットのカウント速度を制御するレジスタ slot_cnt の更新規則が書かれています．slot_cnt はクロックサイクルごとに 1 加算されるカウントアップ回路として動作し，25'd4000000（SLOT_COUNT）になるとゼロにリセットされます．slot_cnt が 25'd4000000（SLOT_COUNT）になったクロックサイクルに，スロットの盤面を記憶するレジスタ slot_left, slot_right が更新されます．

　150 行目から 182 行目にかけては，4.1 節にて説明した仕様を満たすよう，スロットの盤面に表示するレジスタ slot_left, slot_right の値が更新されています．この部分でも，slot_left, slot_right が state による case 文に基づき更新されていること，および更新の際は，レジスタの値が 1 ずつカウントアップされていることを確認してください．

　次に，slot_left, slot_right に記載された 2 進数を 7 セグメント LED に変換する回路が必要です．184 行目から 198 行目にて生成した seg_convert2 が変換を行っています．プログラム 4.4 にそのソースコードを示しています．4.5 節にて詳細な解説を行います．

4.5　組合せ回路部の設計

　組合せ回路は，順序回路と異なり過去の状態に依存せず，現在の入力信号のみに依存して，出力信号が一意に決まる論理回路です．組合せ回路の設計も，順序回路の always_ff に似た要領で，always_comb 文とステートマシンに基づく case 文での場合分けが有効です．プログラム 4.2 の 53 行目から 64 行目は，内部状態を入力として，ボード上で光らせる LED を計算しています．always_comb で case 文を記載する場合は，あらゆる入力パターンに対して条件を列挙しましょう．これができず，定義されない入力がある場合は，default 文を必ず挿入しましょう．default 文は，"その他の入力の場合" といった意味合いをもち，case 文で明示的に指示されない入力が指示された場合，default 文に書かれた値を出力します．

　case 文ではなく，if 文を用いてコーディングすることも可能です．プログラム 4.9 に，プログラム 4.2 の 42 行目から 49 行目と等価な文を示します．プログラム 4.2 の 37 行目から 40 行目では，スロットがあたり状態になった際にブザーを鳴らすために，インスタンス buz1（図 4.2 参照）の EN 端子へ送信するイネーブル信号を生成する組合せ回路を記述しています．複数の条件式が関わる組合せ回路を設計する際には，if 文の方が楽に設計できることも多く，case 文とあわせて状況に応じて使い分けましょう．

プログラム 4.9　状態遷移の基本形

```
1  always_comb begin
2    if(state==STATE_LEFT)     LED = ~{EN_BUZZER, 7'h01};
3    else if(state==STATE_PSW1)  LED = ~{EN_BUZZER, 7'h02};
4    else if(state==STATE_RIGHT) LED = ~{EN_BUZZER, 7'h04};
5    else if(state==STATE_PSW2)  LED = ~{EN_BUZZER, 7'h08};
6    else if(state==STATE_BEEP)  LED = ~{EN_BUZZER, 7'h10};
7    else if(state==STATE_PSW3)  LED = ~{EN_BUZZER, 7'h20};
8  end
```

　設計する組合せ回路の内部にて，繰り返し同じ演算を行う場合は function 文が便利です．function 文は，C 言語での関数，Java でのメソッドに近いです．プログラム 4.4 の 42 行目から 67 行目に示した例が典型的な使用方法です．プログラム 4.10 のようなフォーマットで使用することが多いです．入力信号に応じて case 文で出力値を場合分けしています．プログラム 4.4 では casex 文を用いていますが，case とほぼ同じで，違いとして入力信号として 1'bx（不定値）を受け入れるか否かです（casex は不定値入力を受け入れます）．function 文の呼び出し方は単純で，プログラム 4.4 の 40 行目のように，ファンク

ション名を，対象としたい入力信号とともに記述するだけです．`always_comb` と異なり，同じ演算回路を多数使用する場合に `function` 文が有効です．

プログラム 4.10　function の基本形

```
1  function [出力ビット範囲] ファンクション名 (input [入力ビット範囲] 入力信号名);
2    case (入力信号名)
3      入力 0: ファンクション名 = 出力 0;
4      入力 1: ファンクション名 = 出力 1;
5      ...
6      default: ファンクション名 = その他の場合の出力;
7    endcase
8  endfunction
```

☕ Column　IP を活用しよう

　オンチップメモリや算術演算回路など，多くのアプリケーションで幅広く活用される回路については，FPGA の中で専用ユニットが用意されています．このユニットのことを Intellectual Property（IP）と呼びます．本格的な回路を設計する場合は，IP を積極的に活用しましょう．

　Quartus Prime のメイン画面のメニューバーから "Tools" をクリックした後，"IP Catalog" を選択することで，使用可能な IP のリストが表示されます．たとえば "Library" の "Basic Functions" から "On Chip Memory" を選択すると，BRAM（Block Random Access Memory）を選択できます．これは FPGA 内に組み込まれたオンチップメモリであり，プロセッサのキャッシュメモリのように大規模な情報を記憶する際に活用できます．その他にも，クロック信号の位相や周波数を変える Phase Locked Loop（PLL）や浮動小数点ユニット，ディジタルフィルタなど，便利な回路が揃っていますので，必要な IP を使用しましょう．使用したい IP 名をダブルクリックすると，詳細設定画面が表示され，適切な設定の後にモジュールが生成されます．設計対象の回路の中で，このモジュールをインスタンス化して使用しましょう．

4.6 シミュレーションと実機動作

4.6.1 シミュレーションのためのテストベンチ設計

モジュールの設計が一通り完成したら，シミュレーションにより動作を確認します．プログラム 4.11 にテストベンチのコードを示します．テストベンチでは，設計したモジュールを配置して，モジュールが期待通り動いているかを確認します．今までのモジュール設計時とは数点異なる特徴的な箇所が存在します．

プログラム 4.11　テストベンチ

```
1   /************************************************************************
2    * System Name :
3    * File Name    : sim_SLOT.sv
4    * Contents     :
5    * Memo         : テストベンチ
6    ***********************************************************************/
7   `timescale 1ns/1ps
8
9   module sim_SLOT;
10    logic  CK;         // システムクロック
11    logic  RB;         // リセット信号
12    logic  PSW;
13
14
15  //--- output -----------------------------------------------------------
16  logic [7:0] SEG_A;   // 7 セグへのパターン出力
17  logic [7:0] SEG_B;   // 7 セグへのパターン出力
18  logic [7:0] LED;     // ステートマシンの内部状態を LED に表示
19
20  //1clock set
21  parameter STEP = 82;
22
23  //call module
24  SLOT SLOT7SEG(
25    .CK(CK),
26    .RB(RB),
27    .PSW(PSW),
28    .SEG_0(SEG_A),
29    .SEG_1(SEG_B),
30    .BZ(BZ),
31    .LED(LED)
32  );
```

```
33
34    //make clock
35    always begin
36      CK = 0;#(STEP/2);
37      CK = 1;#(STEP/2);
38    end
39
40
41    //Simulation
42
43      initial begin
44        RB = 1'b1;
45        PSW = 1'b1;      // 初期値設定
46        #(STEP*1);
47        RB = 1'b0;
48        #(STEP*3);
49        RB = 1'b1;
50        #(STEP*10);
51
52        PSW = 1'b0;      // PSW を ON にする（左の桁を揃える）
53        #(STEP*3);
54        PSW = 1'b1;      // PSW を OFF にする（スイッチから手を離す）
55
56        #(STEP*80);
57
58        PSW = 1'b0;      // PSW を ON にする（右の桁を揃える）
59        #(STEP*3);
60        PSW = 1'b1;      // PSW を ON にする（スイッチから手を離す）
61
62        // あたりになったら，LED[7]が 1'b0 になる.
63
64        #(STEP*10);      // 時間経過を観察
65
66        PSW = 1'b0;      // PSW を ON にする（スロットを最初の状態へ戻す）
67        #(STEP*3);
68        PSW = 1'b1;      // PSW を OFF にする（スイッチから手を離す）
69        #(STEP*20);
70
71        #100 $stop;
72      end
73    endmodule
```

■タイムスケールの設定

まず，プログラム 4.11 の 7 行目に示した通り，timescale 文にて，時間の刻み幅を指定します．手前の数字が 1 タイムスケールの長さ，後ろの数字が時間の丸め誤差です．後に，単位を明記することなく，遅延時間を表記します．本設計においては，この遅延時間の単位（1 タイムスケール）が 1 ns です．また，実遅延シミュレーションなどを行った際に，非常に細かい回路遅延の変動を確認したい場合があります．シミュレーション時に取り扱う遅延値の粒度を 1 ps の部分で指定しています．

■モジュールの作成

次に，テストベンチのためのモジュールを設計します．プログラム 4.11 の 9 行目の通り，入出力端子をもたないモジュール（モジュール名はなんでも可）を宣言すると，SystemVerilog はシミュレーション時に自動的にこのモジュールをテストベンチ用のトップモジュールと認識します．さらに，23 行目から 32 行目の通り，動作検証を行いたい設計モジュールのインスタンスを生成します．最後に，34 行目から 38 行目においては動作検証用のクロック信号を生成しています．今回の例だと，クロック周期が 82 ns（STEP の値は 82）のクロックが生成されます．

■テストベクトルの生成

最後に，テストベクトル（設計モジュールに入力するディジタル信号列）を指定します．プログラム 4.11 の 43 行目から 72 行目に相当します．設計モジュールに入力する信号を記憶するレジスタ（ここでは，RB と PSW）に入力したいディジタル信号を記載しましょう．initial 文は，always 文と異なり，シミュレーション実行時に実行される文です．ブロッキング代入（4.4.1 項のコラム "ノンブロッキング代入とブロッキング代入" を参照）でレジスタに値を代入しているので，initial 文の上から下に向かってディジタル信号が生成されます．46 行目のように，#(時間); のコマンドにて，テストベクトルの更新を待機させる遅延時間を指定できます．今回の例だと，#(STEP*1); で 1 クロックサイクル待機できます．

今回のテストベンチにおいては，冒頭にてリセット（RB）を入れて，その後プッシュスイッチ（PSW）を 3 回押すシミュレーションが行われています．2 回のプッシュスイッチを押すと，ちょうどスロットの盤面が揃うようにタイミング調整されています．

■シミュレーションの実行

　チャタリングの問題を低減し，かつ人間の目視でスロットの桁を確認できるようにする
ために，レジスタの値更新に必要な時間がクロックサイクル数換算で非常に長くなります．
このためシミュレーション結果の視認が悪く，視認性を向上させるために，一時的にレジ
スタの値更新に必要な時間を短くします．プログラム 4.2 の 34 行目と 35 行目をアンコメ
ント（手前の // を消す）し，30 行目と 31 行目をコメントアウト（手前に // を付ける）
し，論理合成を再度行いましょう．

　2.2.3 項を参考に，Quartus Prime ウィンドウから，"Tools" ⇒ "Run Simulation Tools" ⇒
"RTL Simulation" で実行できます．論理構成結果のネットリストに対してシミュレーショ
ンを行う場合は "Tools" ⇒ "Run Simulation Tools" ⇒ "Gate Level Simulation" で実行でき
ます．"RTL Simulation"，"Gate Level Simulation" のいずれも正しく設計していれば同じ
実行結果を実現できます．

　図 4.6 の通り，シミュレーションが完了したら，"クリック" で示された×ボタンをクリッ
クすると，シミュレーション結果の波形を確認できます．今回のテストベンチでは，プッ
シュスイッチを 2 回目に押すタイミングで，スロットの桁が下がります．あたり状態にな
ると，LED[7] が 1'b0 に変化します．プッシュスイッチを 3 回目に押した後に，状態機械
が初期状態 STATE_LEFT に戻り，スロットの回転が再開されます．

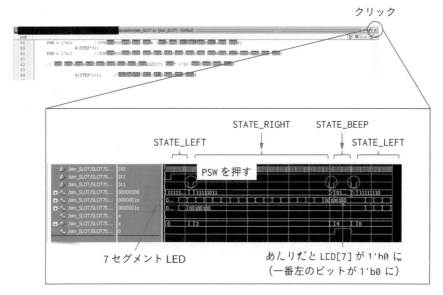

図 4.6　シミュレーション結果（注意：後の sim_SLOT.do を適用した結果）

"RTL Simulation" においては，状態機械（プログラム 4.2 の state）の値などを表示させることができます．事前に配布した sim_SLOT.do を図 4.7 の通り指定しましょう．sim_SLOT.do はテキストエディタで編集する事ができ，ここでシミュレーションに表示したい波形を指定することができます．

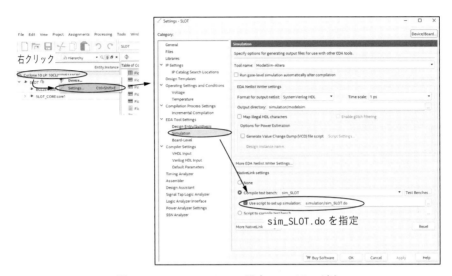

図 4.7 シミュレーション設定ファイルの追加

プログラム 4.12 に sim_SLOT.do を示します．シミュレーションツールの ModelSim が，起動時にこの sim_SLOT.do をロードするようになります．add wave コマンドは表示する波形を追加します．うしろに，SLOT7SEG/CK などと書かれていますが，スラッシュ（/）を使ってモジュールの階層を指定します．SLOT7SEG はテストベンチから呼び出している設計モジュールのインスタンス名です（プログラム 4.11 の 24 行目参照）．たとえば，SLOT_CORE のステートマシン state を表示したい場合は，プログラム 4.12 の 8 行目の通り，インスタンス名の階層を順番に指定して記載しましょう（core1 というインスタンス名はプログラム 4.1 の 20 行目で確認できます）．-hex オプションは，波形を 16 進数形式で表記することを意味しています．sim_SLOT.do ファイルの最後に run -all を記載し，ModelSim にシミュレーションを実行するよう指示します．

プログラム 4.12 シミュレーション設定ファイル

```
1   add wave      sim:/SLOT7SEG/CK
2   add wave      sim:/SLOT7SEG/RB
3   add wave      sim:/SLOT7SEG/PSW
4   add wave      sim:/SLOT7SEG/LED
```

```
 5  add wave       sim:/SLOT7SEG/SEG_0
 6  add wave       sim:/SLOT7SEG/SEG_1
 7  add wave       sim:/SLOT7SEG/BZ
 8  add wave -hex  sim:/SLOT7SEG/core1/state
 9  add wave       sim:/SLOT7SEG/core1/EN_BUZZER
10  run -all
```

4.6.2　実機での動作確認

　最後に，設計が完了したら，2.2.3 項の内容を参考にヒューマンデータ社のダウンロードアプリケーションを使って FPGA にコンパイル結果を書き込み，動作確認を行います．所望の動作を FPGA が行っていることを確認しましょう．

4.7　まとめ

　本章では，スロットマシンを題材に，SystemVerilog での順序回路設計方法をチュートリアル形式で述べました．仕様の作成からはじまり，プロジェクト作成，レジスタ部分の作成，組合せ回路の設計，シミュレーション環境のセットアップ，実測での確認，という説明をしました．以上の進め方は一般的な FPGA プロジェクトでも通用しますので，今後新たな回路設計に取り組む場合には，本章を参考に作るとよいでしょう．

## 第 5 章

SystemVerilogによる
プロセッサの設計と実装

本章では，SystemVerilog を用いて汎用プロセッサの設計と実装を行います．32 ビット RISC-V プロセッサを設計し，FPGA 上に搭載して動作させるまでの具体的な流れを示していきます．搭載されたプロセッサの上でソフトウェアを動作させ，実際にプロセッサを介して各種インタフェース（スイッチ，LED，シリアルインタフェース）を制御することで，SystemVerilog を用いたディジタルシステム開発についてより深く学んでいきましょう．

　本章で用いる SystemVerilog のソースコードは本書のサポートサイト[*1]に掲載されており，ソースコード全体については Web 上で確認したり，ダウンロードして手元で確認することができます．本文中ではソースコードの行数に応じて一部省略したものを示しています．

5.1　コンピュータの抽象化階層

　汎用プロセッサを作るにあたって前提となる事柄についてまず学んでいきましょう．現代においては，組込み向けのマイクロコントローラからデータセンタ内のサーバに至るまで，多様なコンピュータシステムが存在しています．コンピュータは非常に複雑なシステムで，その全体像を把握するのは困難な仕事です．そこで，こうしたシステムの全容を明瞭に把握していくためのテクニックとして，抽象化，階層化が用いられます（図 5.1）．本章の SystemVerilog を用いたプロセッサ設計作業において考えていくのは，主にソフトウェアから RTL までのレイヤとなります．

　命令セットアーキテクチャ（Instruction Set Architecture, ISA）は，プロセッサの動作を決める命令について定めたものであり，ソフトウェアとハードウェアのインタフェースにあたります．データどうしの演算を行う算術演算命令や論理演算命令，プロセッサとメモリとの間でデータのやり取りを行うためのロード・ストア命令，あるいは命令の実行順序を制御するための分岐命令といったさまざまな命令から構成されており，プロセッサはこ

---

*1　https://github.com/ohmsha/SystemVerilogNyumon

ソフトウェア
命令セットアーキテクチャ（ISA）
マイクロアーキテクチャ
RTL
ディジタル回路
アナログ回路
半導体デバイス
物理

図 5.1　コンピュータの抽象化階層

うした複数の命令を組み合わせて実行することで，多彩な処理を実現しています．商用プロセッサの多くは，たとえば x86 や ARM といった ISA を採用しています．

　ISA という抽象化階層が存在することによって，ソフトウェア開発者はそれよりも下位の階層について考慮する必要なく，採用された ISA を前提としたプログラムを生成するだけで，コンピュータに所望の情報処理を実行させることができます．あるいはハードウェア開発者にとっても，アプリケーションの要求に応じた多様な消費電力・性能・コストのプロセッサを，共通のソフトウェア資産を活用可能なかたちで作っていくことができるという利点があります．

　マイクロアーキテクチャは，ISA によって定められた動作を実現するための，プロセッサの具体的な構成について定めたものです．ISA に含まれる各命令を実現するためのデータパスや制御構造を定義します．簡略化したプロセッサの構成を図 5.2 に示します．プログラムカウンタが出力する命令アドレスにしたがって，実行する命令が命令メモリから読み出されます．命令はデコーダによってデコードされ，各種データや制御信号へと変換されます．それにしたがって演算に必要なデータがレジスタファイルから取り出され，ALU（Arithmetic Logic Unit）によって命令に対応した演算が行われます．この演算実行の結果をレジスタファイルへと書き戻し，新たな命令の実行を開始することで処理が進んでいきます．

　マイクロアーキテクチャのレイヤでは，このようなプロセッサの各種構成要素や接続方法について考えます．こうした抽象度でプロセッサの全体設計について検討することで，回路や半導体デバイスといった下位の階層の事情にかかわらず，適切な設計を探求することができます．実際にハードウェアを作っていく作業の上では，マイクロアーキテクチャのレイヤにおいて事前に設計を検討することで，その後に行う RTL 設計作業の見通しがよくなります．

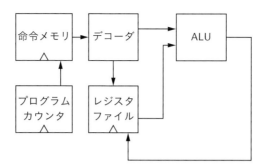

図 5.2 簡略化したプロセッサの構成

　本章で設計するプロセッサの ISA には，昨今注目を集める RISC-V（リスク・ファイブ）を採用します．以降ではまずこの RISC-V ISA について説明します．その後 RISC-V ISA の命令動作を実現するためのプロセッサの具体的な構成，すなわちマイクロアーキテクチャについて検討し，それを SystemVerilog による RTL 記述へと落とし込んでいきます．

5.2　RISC-V ISA

　RISC-V は，2011 年に発表された比較的新しい ISA です．当初は大学における研究教育用の ISA として開発が進められましたが，現在では商用のプロセッサにも次々と採用されるようになっています．これまでに生まれてきた ISA の利点や欠点を踏まえ，洗練されたシンプルな設計が実現されており，ソフトウェアツールチェーンも充実しています．

　RISC-V の大きな特徴は，オープンであること，そして，モジュラー型であることです．従来の ISA の多くは管理するベンダーとの契約やライセンス料支払いをともなっており，設計したプロセッサの公開や関連する設計資産の共有は困難な状態にありました．一方，RISC-V は仕様が公開されライセンス料も付随しないオープンな ISA となっています．これによって，RISC-V ISA に基づくプロセッサやソフトウェア資産は自由に公開，共有することができます．

　また，RISC-V では，命令セットが RV32I（基本整数命令），RV32M（乗除算命令），RV32F（単精度浮動小数点演算命令），RV32D（倍精度浮動小数点演算命令）といったように複数のモジュールへと分割されています．最低限必要となるのは基本の命令セットのみであり，ソフトウェアの要求に応じて拡張命令セットを追加していく，というかたちをとることで，柔軟にさまざまなタイプのプロセッサを構築することが可能になっています．

　本章では，基本となる 32 ビット命令セット RISC-V RV32I の一部を採用したプロセッサ

31 30 29 28 27 26 25 24 23 22 21 20		19 18 17 16 15	14 13 12	11 10 9 8 7	6 5 4 3 2 1 0	タイプ	
imm[11:0]		rs1	000	rd	0010011	I	ADDI
imm[11:0]		rs1	100	rd	0010011	I	XORI
imm[11:0]		rs1	110	rd	0010011	I	ORI
imm[11:0]		rs1	111	rd	0010011	I	ANDI
0000000	rs2	rs1	000	rd	0110011	R	ADD
0100000	rs2	rs1	000	rd	0110011	R	SUB
0000000	rs2	rs1	100	rd	0110011	R	XOR
0000000	rs2	rs1	110	rd	0110011	R	OR
0000000	rs2	rs1	111	rd	0110011	R	AND

（a）　命令フォーマット

ADDI	加算命令，rs1 と即値を加算
XORI	XOR 演算命令，rs1 と即値をビットごとに演算
ORI	OR 演算命令，rs1 と即値をビットごとに演算
ANDI	AND 演算命令，rs1 と即値をビットごとに演算
ADD	加算命令，rs1 と rs2 を加算
SUB	減算命令，rs1 から rs2 を減算
XOR	XOR 演算命令，rs1 と rs2 をビットごとに演算
OR	OR 演算命令，rs1 と rs2 をビットごとに演算
AND	AND 演算命令，rs1 と rs2 をビットごとに演算

（b）　命令の説明

図 5.3　算術演算命令，論理演算命令

を開発していきます．命令の形式としては R，I，S，B，U，J の 6 種類が存在します．図
5.3 に基本的な算術演算命令，論理演算命令を示します．ここで，rs1，rs2 は命令の実行
に用いる値が格納されるソースレジスタの番号，rd は命令の実行結果を格納するデスティ
ネーションレジスタの番号，imm は命令の実行に用いる定数である即値をそれぞれ表しま
す．さらに詳細な ISA の仕様については https://github.com/riscv で確認することがで
きます．

　まず，ADDI, XORI, ORI, ANDI, ADD, SUB, XOR, OR, AND といった基本的な算術演算命
令，論理演算命令が存在します．これらの命令においては，rs1 と rs2 で指定されたソー
スレジスタの値，または rs1 の値と即値 imm を用いて，所定の演算を行います．RISC-V
ISA においては，即値は常に 32 ビットの値へと符号拡張されてから利用されます．論理
演算命令では，ビットごとに演算が行われます．演算の結果は，rd で指定されたデスティ
ネーションレジスタへと書き込まれます．

　ほかに，SLTI, SLTIU, SLT, SLTU といった比較命令があります（図 5.4）．こうした命令

31 30 29 28 27 26 25 24 23 22 21 20		19 18 17 16 15	14 13 12	11 10 9 8 7	6 5 4 3 2 1 0	タイプ	
imm[11:0]		rs1	010	rd	0010011	I	SLTI
imm[11:0]		rs1	011	rd	0010011	I	SLTIU
0000000	rs2	rs1	010	rd	0110011	R	SLT
0000000	rs2	rs1	011	rd	0110011	R	SLTU

31 30 29 28 27 26 25	24 23 22 21 20	19 18 17 16 15	14 13 12	11 10 9 8 7	6 5 4 3 2 1 0	タイプ	
0000000	imm[4:0]	rs1	001	rd	0010011	I	SLLI
0000000	imm[4:0]	rs1	101	rd	0010011	I	SRLI
0100000	imm[4:0]	rs1	101	rd	0010011	I	SRAI
0000000	rs2	rs1	001	rd	0110011	R	SLL
0000000	rs2	rs1	101	rd	0110011	R	SRL
0100000	rs2	rs1	101	rd	0110011	R	SRA

(a) 命令フォーマット

SLTI	比較命令，rs1 < 即値なら 1，そうでなければ 0
SLTIU	比較命令，rs1 < 即値（符号なし）なら 1，そうでなければ 0
SLT	比較命令，rs1 < rs2 なら 1，そうでなければ 0
SLTU	比較命令，rs1 < rs2（符号なし）なら 1，そうでなければ 0
SLLI	論理左シフト命令，5 ビットの即値でシフト量を指定
SRLI	論理右シフト命令，5 ビットの即値でシフト量を指定
SRAI	算術右シフト命令，5 ビットの即値でシフト量を指定
SLL	論理左シフト命令，rs2 の下位 5 ビットでシフト量を指定
SRL	論理右シフト命令，rs2 の下位 5 ビットでシフト量を指定
SRA	算術右シフト命令，rs2 の下位 5 ビットでシフト量を指定

(b) 命令の説明

図 5.4 比較命令，シフト命令

では比較の結果に応じて 1 か 0 が rd へと書き込まれます．SLLI, SRLI, SRAI, SLL, SRL, SRA はシフト命令です．rs1 の値を imm や rs2 の値に応じてシフトし，rd へと書き込みます．このときシフトの量としては，imm や rs2 の下位 5 ビットのみが利用されます．右シフト命令については，シフトの結果空いた上位ビットに 0 を格納する論理右シフト命令と，元のデータの符号ビットを格納する算術右シフト命令の 2 種類が存在します．

　こうした基本的な演算命令に加えて，LUI や AUIPC といった命令が存在します（図 5.5）．LUI では，20 ビットの即値を rd の上位 20 ビットに格納します．これに続いて 12 ビット即値を加える命令を実行することで，2 命令で 32 ビットの定数を作ることができます．また，AUIPC ではプログラムカウンタの上位 20 ビットに即値を加算した値をデスティネーションレジスタへと保存します．この命令と後述する JALR 命令を組み合わせることで，32 ビットの任意の相対アドレスへのジャンプが実現できます．

　ロード・ストア命令については通常の 32 ビットの命令（LW, SW）のほか，符号付きと

31 30 29 28 27 26 25 24 23 22 21 20 19 18 17 16 15 14 13 12	11 10 9	8 7 6 5 4 3 2 1 0	タイプ	
imm[31:12]	rd	0110111	U	LUI
imm[31:12]	rd	0010111	U	AUIPC

（a）　命令フォーマット

LUI　　　 Load Upper Immediate 命令，imm を rd の上位 20 ビットに保存
AUIPC　 Add Upper Immediate to PC 命令，pc+imm の値を rd に保存

（b）　命令の説明

図 5.5　LUI 命令，AUIPC 命令

符号なしのバイト，ハーフワード（16 ビット）のロード命令（LB, LBU, LH, LHU），ある
いはバイトとハーフワードのストア命令（SB, SH）が存在します（図 5.6）．符号付きロー
ド命令の場合は符号拡張，符号なしロード命令の場合はゼロ拡張されたデータがデスティ
ネーションレジスタに書き込まれます．ロードまたはストアを行うメモリのアドレスは，
rs1+imm として指定されます．

31 30 29 28 27 26 25 24 23 22 21 20	19 18 17 16 15	14 13 12	11 10 9 8 7	6 5 4 3 2 1 0	タイプ	
imm[11:0]	rs1	000	rd	0000011	I	LB
imm[11:0]	rs1	001	rd	0000011	I	LH
imm[11:0]	rs1	010	rd	0000011	I	LW
imm[11:0]	rs1	100	rd	0000011	I	LBU
imm[11:0]	rs1	101	rd	0000011	I	LHU
imm[11:5] rs2	rs1	000	imm[4:0]	0100011	S	SB
imm[11:5] rs2	rs1	001	imm[4:0]	0100011	S	SH
imm[11:5] rs2	rs1	010	imm[4:0]	0100011	S	SW

（a）　命令フォーマット

LB　　　 ロード命令，1 バイト，データは符号拡張

LH　　　 ロード命令，2 バイト，データは符号拡張

LW　　　 ロード命令，4 バイト，データは符号拡張

LBU　　 ロード命令，1 バイト，データはゼロ拡張

LHU　　 ロード命令，2 バイト，データはゼロ拡張

SB　　　 ストア命令，rs2 の下位 1 バイトをストア

SH　　　 ストア命令，rs2 の下位 2 バイトをストア

SW　　　 ストア命令，rs2 をストア

（b）　命令の説明

図 5.6　ロード命令，ストア命令

　条件分岐命令（BEQ, BNE, BLT, BGE, BLTU, BGEU）は値の比較とその結果に応じた分岐
を行う命令です．比較の結果として分岐する場合には，プログラムカウンタの値（pc）を

31 30 29 28 27 26 25	24 23 22 21 20	19 18 17 16 15	14 13 12	11 10 9 8	7	6 5 4 3 2 1 0		タイプ
imm[12|10:5]	rs2	rs1	000	imm[4:1|11]		1100011	B	BEQ
imm[12|10:5]	rs2	rs1	001	imm[4:1|11]		1100011	B	BNE
imm[12|10:5]	rs2	rs1	100	imm[4:1|11]		1100011	B	BLT
imm[12|10:5]	rs2	rs1	101	imm[4:1|11]		1100011	B	BGE
imm[12|10:5]	rs2	rs1	110	imm[4:1|11]		1100011	B	BLTU
imm[12|10:5]	rs2	rs1	111	imm[4:1|11]		1100011	B	BGEU
imm[20|10:1|11|19:12]				rd		1101111	J	JAL
imm[11:0]		rs1	000	rd		1100111	I	JALR

(a) 命令フォーマット

BEQ 　　条件分岐命令，rs1=rs2 が成り立つとき分岐
BNE 　　条件分岐分岐命令，rs1!=rs2 が成り立つとき分岐
BLT 　　条件分岐分岐命令，rs1<rs2 が成り立つとき分岐
BGE 　　条件分岐分岐命令，rs1>=rs2 が成り立つとき分岐
BLTU 　条件分岐分岐命令，rs1<rs2（符号なし）が成り立つとき分岐
BGEU 　条件分岐分岐命令，rs1>=rs2（符号なし）が成り立つとき分岐
JAL 　　無条件ジャンプ命令，pc+imm へジャンプ
JALR 　無条件ジャンプ命令，rs1+imm へジャンプ

(b) 命令の説明

図 5.7 条件分岐命令，ジャンプ命令

pc+imm へと変更します．imm は 12 ビットで指定されますが，まず 2 倍され，その後符号
拡張されたのちに pc と足し合わされます．ジャンプ命令としては，JAL 命令と JALR 命令
が存在します．これらはデスティネーションレジスタへ pc+4 という値を書き込んだのち，
無条件に pc の値を書き換え，ジャンプを実現する命令になります．JAL 命令においては，
条件分岐命令同様 imm が 12 ビットで指定されており，まず 2 倍されその後符号拡張された
後に pc と足し合わされます．JALR 命令においては，pc の値を rs1+imm へと変更します．
　RISC-V におけるレジスタファイルは，ゼロレジスタが 1 個と 31 個の汎用レジスタから
構成されます．また，プログラムカウンタはこれらとは独立したかたちで実装されます（図
5.8）．まず，x0 はゼロレジスタとなっています．値として常に 0 が格納されており，書き
換えは無効になっています．このようなレジスタを用意しておくことで，0 との比較のよ
うなソフトウェア中で頻繁に現れる操作を少ない命令数で実現できます．その他のレジス
タは値が書き換え可能な汎用レジスタとなっており，リターンアドレスやスタックポイン
タの格納用，関数の引数用，関数呼び出し前後で値が保存されることが保証されているレ
ジスタ（保存レジスタ），保証されないレジスタ（一時レジスタ）といったようにそれぞれ
に役割が定められています．

レジスタ番号/ABI で定められた名称

x0/zero	ゼロレジスタ
x1/ra	リターンアドレス
x2/sp	スタックポインタ
x3/gp	グローバルポインタ
x4/tp	スレッドポインタ
x5/t0	一時レジスタ
x6/t1	一時レジスタ
x7/t2	一時レジスタ
x8/(s0/fp)	保存レジスタ，フレームポインタ
x9/s1	保存レジスタ
x10/a0	関数の引数，戻り値
x11/a1	関数の引数，戻り値
x12/a2	関数の引数
x13/a3	関数の引数
x14/a4	関数の引数
x15/a5	関数の引数
x16/a6	関数の引数
x17/a7	関数の引数
x18/s2	保存レジスタ
x19/s3	保存レジスタ
x20/s4	保存レジスタ
x21/s5	保存レジスタ
x22/s6	保存レジスタ
x23/s7	保存レジスタ
x24/s8	保存レジスタ
x25/s9	保存レジスタ
x26/s10	保存レジスタ
x27/s11	保存レジスタ
x28/t3	一時レジスタ
x29/t4	一時レジスタ
x30/t5	一時レジスタ
x31/t6	一時レジスタ

←——— 32 ビット ———→

pc	プログラムカウンタ

←——— 32 ビット ———→

図 5.8　RISC-V におけるレジスタファイル

　こうした各レジスタの役割は RISC-V のアプリケーションバイナリインタフェース（ABI）規約の中で定められており，規約の詳細については https://github.com/riscv-non-isa で確認することができます．

📙 *Column* RISC と CISC

　コンピュータ設計における主要な目標の一つは，低い設計・製造コストです．RISC（Reduced Instruction Set Computer）は，シンプルな命令から成る命令セットを採用することでコストを抑えつつ高い性能を達成可能とする設計指針であり，1980 年頃に命名されました[a]．それ以前の複雑な命令セットアーキテクチャである CISC（Complex Instruction Set Computer）と比較して，回路面積や設計時間を抑えることができると謳われました．商用プロセッサでも同様の設計指針を採るものが現れ始めていたほか，RISC 提案チームからも RISC I という実際のチップ実装を伴うプロセッサが提案され，その利点が実証され始めました[b,c] この RISC I は，やがて発表される RISC-V へとつながっていくことになります．現在では，当時 CISC と見なされていた命令セットアーキテクチャを採用する多くのプロセッサも内部的には RISC の設計思想を採り入れるなど，双方の境界はなくなりつつあります．また，現代の主要な設計制約であるエネルギーや電力については，双方の違いは影響しないという報告もなされています[d]．

---

[a] David A. Patterson, and David R. Ditzel, "The case for the reduced instruction set computer," SIGARCH Comput. Archit. News, vol. 8, no. 6, pp. 25–33, Oct. 1980.

[b] David A. Patterson, and Carlo H. Sequin, "RISC I: A reduced instruction set VLSI computer," Proceedings of the 8th annual symposium on computer architecture, pp. 443–457, May 1981.

[c] David A. Patterson, and Carlo H. Sequin, "A VLSI RISC," IEEE Computer, vol. 15, no. 9, pp. 8–21, Sep. 1982.

[d] Emily Blem, Jaikrishnan Menon, and Karthikeyan Sankaralingam, "Power struggles: Revisiting the RISC vs. CISC debate on contemporary ARM and x86 architectures," 2013 IEEE 19th International Symposium on High Performance Computer Architecture (HPCA), pp. 1–12, Feb. 2013.

5.3　基本要素回路の設計

まず，1 クロックサイクルごとに一つの命令を実行する基本的なシングルサイクルプロセッサの作成を念頭において，SystemVerilog による設計を始めましょう．設計する 32 ビット RISC-V プロセッサのブロック図を図 5.9 に示します．以降では，これを構成する各種要素回路の記述について順に見ていきます．

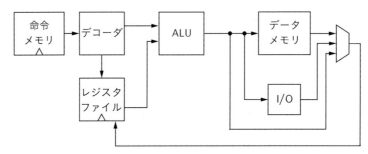

図 5.9　シングルサイクルプロセッサのブロック図

5.3.1　デコーダ

命令メモリから読みだされた命令は最初にデコーダ（プログラム 5.1）へと入力されます．ここでは，前述した RISC-V RV32I の各種命令列を適切なデータや制御信号へと変換して出力します．32 ビットの入力命令列に応じてソースレジスタやデスティネーションレジスタの番号，即値，各種制御信号を生成しています．各命令について，前述した仕様に合致するように記述します．ここで各種定数については，parameter として define.sv 内にまとめて定義されています．

プログラム 5.1　デコーダ

```
1   module decoder (
2     input logic [31:0] insn,      // 32-bit 命令列
3     output logic [4:0] srcreg1_num, // ソースレジスタ番号
4     output logic [4:0] srcreg2_num, // ソースレジスタ番号
5     output logic [4:0] dstreg_num,  // デスティネーションレジスタ番号
6     output logic [31:0] imm,        // 即値
7     output logic [5:0] alucode,     // ALU 制御信号
8     output logic [1:0] aluop1_type, // ALU 入力信号タイプ
9     output logic [1:0] aluop2_type, // ALU 入力信号タイプ
10    output logic reg_we,            // レジスタ書き込みの有無
```

```
11    output logic is_load,           // ロード命令の判定用
12    output logic is_store           // ストア命令の判定用
13  );
14
15    logic [6:0] opcode;
16    logic [2:0] funct3;
17    logic [4:0] funct5;
18    logic [4:0] rd;
19
20    // op_type
21    logic [2:0] op_type;
22    logic dst_type;
23
24    // opcode
25    assign opcode = insn[6:0];
26
27    // funct
28    assign funct3 = insn[14:12];
29    assign funct5 = insn[31:27];
30
31    // destination
32    assign rd = insn[11:7];
33
34    // multiplexer
35    assign srcreg1_num = (op_type == TYPE_U || op_type == TYPE_J) ? 5'd0 : insn
        [19:15];
36    assign srcreg2_num = (op_type == TYPE_U || op_type == TYPE_J || op_type == TYPE_I)
         ? 5'd0 : insn[24:20];
37    assign dstreg_num = (dst_type == REG_RD) ? rd : 5'd0;
38    assign imm = (op_type == TYPE_U) ? {insn[31:12], 12'd0} :
39                 (op_type == TYPE_J) ? {{11{insn[31]}}, insn[31], insn[19:12], insn
        [20], insn[30:21], 1'd0} :
40                 (op_type == TYPE_I) ? {{20{insn[31]}}, insn[31:20]} :
41                 (op_type == TYPE_B) ? {{19{insn[31]}}, insn[31], insn[7], insn
        [30:25], insn[11:8], 1'd0} :
42                 (op_type == TYPE_S) ? {{20{insn[31]}}, insn[31:25], insn[11:7]} : 32'
        d0;
43
44    always_comb begin
45      unique case (opcode)
46        LUI: begin
47              alucode = ALU_LUI;
48              reg_we  = ENABLE;
49              is_load = DISABLE;
```

```
50              is_store = DISABLE;
51              aluop1_type = OP_TYPE_NONE;
52              aluop2_type = OP_TYPE_IMM;
53              op_type  = TYPE_U;
54              dst_type = REG_RD;
55          end
56      AUIPC: begin
57              alucode  = ALU_ADD;
58              reg_we   = ENABLE;
59              is_load  = DISABLE;
60              is_store = DISABLE;
61              aluop1_type = OP_TYPE_IMM;
62              aluop2_type = OP_TYPE_PC;
63              op_type  = TYPE_U;
64              dst_type = REG_RD;
65          end
```

5.3.2　レジスタファイル

　デコーダで指定したソースレジスタ番号に応じた値がレジスタファイル（プログラム 5.2）から読み出されます．レジスタファイルは 32 個の 32 ビットレジスタから構成されますが，最初の一つは常にゼロを出力し書き換え不可能なゼロレジスタのため，ここでは 31 個のみ定義します．複数のレジスタを一括して定義するため，1 要素が 32 ビットで合計 31 要素の配列として宣言しています．SystemVerilog では多次元配列をサポートしているため，ここでは 31 × 32 要素をもった多次元配列として定義しています．デスティネーションレジスタへの値の書き込みはクロックに同期して行われます．

プログラム 5.2　レジスタファイル

```
1  module regfile (
2    input logic ck,                       // クロック
3    input logic we,                       // 書き込みイネーブル信号
4    input logic [4:0] srcreg1_num,        // ソースレジスタ 1 番号
5    input logic [4:0] srcreg2_num,        // ソースレジスタ 2 番号
6    input logic [4:0] dstreg_num,         // デスティネーションレジスタ番号
7    input logic [31:0] dstreg_value,      // デスティネーションレジスタ書き込み値
8    output logic [31:0] srcreg1_value,    // ソースレジスタ 1 読み出し値
9    output logic [31:0] srcreg2_value     // ソースレジスタ 2 読み出し値
10 );
11
```

```
12    logic [1:31][31:0] regfile;   // 1-31レジスタを多次元配列として宣言
13
14    always_ff @(posedge ck) begin
15      if (we) regfile[dstreg_num] <= dstreg_value;
16    end
17
18    assign srcreg1_value = (srcreg1_num == 5'd0) ? 32'd0 : regfile[srcreg1_num];
19    assign srcreg2_value = (srcreg2_num == 5'd0) ? 32'd0 : regfile[srcreg2_num];
20
21  endmodule
```

5.3.3 ALU

ALU では，デコーダの出力する各種制御信号をもとに演算内容を決定し，二つの入力値の間で演算を行います．BLT や BGE，SLTI，SLT といった符号を考慮して比較を行う命令や，SRAI，SRA のような算術シフト命令における演算では，入力値が符号付きであることを示しておく必要があります．そのため，例では明示的に符号付きであることを記述した信号を生成し，演算に用いています．

プログラム 5.3 ALU

```
1   module alu (
2     input logic [5:0] alucode,       // 命令種別
3     input logic [31:0] op1,          // オペランド1
4     input logic [31:0] op2,          // オペランド2
5     output logic [31:0] alu_result,  // 演算結果出力
6     output logic br_taken            // 分岐の有無出力
7   );
8
9     logic signed [31:0] signed_op1;
10    logic signed [31:0] signed_op2;
11    logic signed [31:0] signed_alu_result;
12
13    // 符号付き計算用
14    assign signed_op1 = signed'(op1);
15    assign signed_op2 = signed'(op2);
16    assign signed_alu_result = signed_op1 >>> signed_op2[4:0];
17
18    always_comb begin
19      unique case (alucode)
20        ALU_LUI: begin
```

```
21          alu_result = op2;
22          br_taken = DISABLE;
23        end
24        ALU_JAL, ALU_JALR: begin
25          alu_result = op2 + 32'd4;
26          br_taken = ENABLE;
27        end
28        ALU_BEQ: begin
29          alu_result = 32'd0;
30          br_taken = (op1 == op2);
31        end
32        ALU_BNE: begin
33          alu_result = 32'd0;
34          br_taken = (op1 != op2);
35        end
36        ALU_BLT: begin
37          alu_result = 32'd0;
38          br_taken = (signed_op1 < signed_op2);
39        end
40        ALU_BGE: begin
41          alu_result = 32'd0;
42          br_taken = (signed_op1 >= signed_op2);
43        end
44        ALU_BLTU: begin
45          alu_result = 32'd0;
46          br_taken = (op1 < op2);
47        end
48        ALU_BGEU: begin
49          alu_result = 32'd0;
50          br_taken = (op1 >= op2);
51        end
52        ALU_LB, ALU_LH, ALU_LW, ALU_LBU, ALU_LHU, ALU_SB, ALU_SH, ALU_SW: begin
53          alu_result = op1 + op2;
54          br_taken = DISABLE;
55        end
56        ALU_ADD: begin
57          alu_result = op1 + op2;
58          br_taken = DISABLE;
59        end
60        ALU_SUB: begin
61          alu_result = op1 - op2;
62          br_taken = DISABLE;
63        end
64        ALU_SLT: begin
```

```
65       alu_result = (signed_op1 < signed_op2) ? 32'd1 : 32'd0;
66       br_taken = DISABLE;
67     end
68    ALU_SLTU: begin
69       alu_result = (op1 < op2) ? 32'd1 : 32'd0;
70       br_taken = DISABLE;
71     end
72    ALU_XOR: begin
73       alu_result = op1 ^ op2;
74       br_taken = DISABLE;
75     end
76    ALU_OR: begin
77       alu_result = op1 | op2;
78       br_taken = DISABLE;
79     end
80    ALU_AND: begin
81       alu_result = op1 & op2;
82       br_taken = DISABLE;
83     end
84    ALU_SLL: begin
85       alu_result = op1 << op2[4:0];
86       br_taken = DISABLE;
87     end
88    ALU_SRL: begin
89       alu_result = op1 >> op2[4:0];
90       br_taken = DISABLE;
91     end
92    ALU_SRA: begin
93       alu_result = signed_alu_result;
94       br_taken = DISABLE;
95     end
96    default: begin
97       alu_result = 32'd0;
98       br_taken = DISABLE;
99     end
100    endcase
101   end
102
103 endmodule
```

　シングルサイクルプロセッサの課題は低い動作周波数とメモリアクセスです．動作周波数は最も時間のかかる命令に応じて決まり，高い動作周波数は実現できません．また，メモリからの命令の読み出しと，データの読み書きを同じタイミング，1クロックサイクル

で行う必要があります．これによってメモリの構成が複雑化し，実装が困難になります．

　そこで一般には複数のサイクルを使ってプロセッサを動作させ，シンプルな構成の命令メモリ，データメモリを用います．また，そうしたマルチサイクルで動作するプロセッサの性能を向上させる手法として，各命令を複数の工程に分割し，同時に処理するパイプライン化が広く採用されています．以降では，そのようなマイクロアーキテクチャに基づくプロセッサの設計について見ていきましょう．

5.4　パイプラインプロセッサの設計

　ここでは，一般的なプロセッサの高速化手法について学ぶために，また，FPGA 上への実装を実現するために，プロセッサのパイプライン化を行います．設計するパイプラインプロセッサのブロック図を図 5.10 に示します．

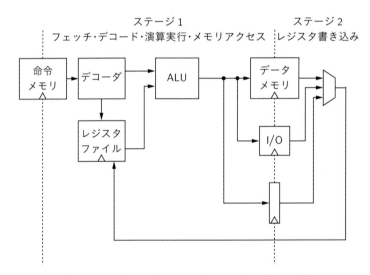

図 5.10　2 段パイプラインプロセッサのブロック図

　ここではプロセッサを複数のステージへと分割し，1 命令を複数のサイクルを使って処理しています．これによって，シングルサイクルプロセッサ設計における課題である低い周波数やメモリの複雑化を解決しています．また，パイプライン処理の導入によって単一のプロセッサ上で同時に複数の命令の処理を実現することができます．

　図 5.11 にパイプラインプロセッサの動作を示しています．単純なマルチサイクルプロセッサの場合，1 クロックサイクル目にステージ 1 を，2 クロックサイクル目にステージ 2

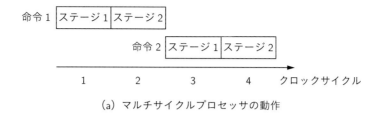

（a）マルチサイクルプロセッサの動作

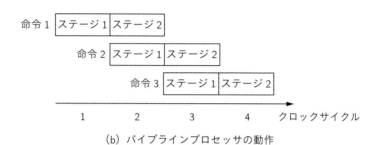

（b）パイプラインプロセッサの動作

図 5.11 パイプラインプロセッサの動作

をといったように，1 命令の処理を終わらせるのに 2 クロックサイクルを費やします．一方，パイプラインプロセッサでは，二つの異なる命令の別工程を並列に処理しており，サイクルあたりの実行可能命令数を増やすことができます．

　パイプラインプロセッサの設計における課題はハザードの対策です．ハザードとは，命令をクロックサイクルごとにうまく実行できない状態のことを指します．ハザードには，構造ハザードやデータハザード，制御ハザードといった種類があります．構造ハザードは，複数の命令が同じ構成要素へとアクセスする場合などに発生するものです．データハザードは，複数の命令が扱うデータの間に依存関係がある場合に発生します．制御ハザードについては，分岐命令の実行の際，次のサイクルで実行すべき命令がすぐに確定しない場合などを指してそう呼んでいます．

　今回設計する 2 段パイプラインプロセッサにおいては，データハザードが問題となります．いま，命令 1 の結果がレジスタファイルへと書き込まれ，直後の命令 2 がその結果を用いて演算を行うとします．レジスタファイルへの書き込みはステージ 2 完了時に行われるため，命令 1 のステージ 2 と並行して進行する命令 2 のステージ 1 では，この値を読み出すことができません．

　このようなハザードはデータフォワーディングによって解決することができます（図 5.12）．ステージ 2 でレジスタファイルへと書き込むデータを同時に実行中のステージ 1 でも利用できるよう横流ししてやることで，命令 1 の演算結果を用いて命令 2 を問題なく実

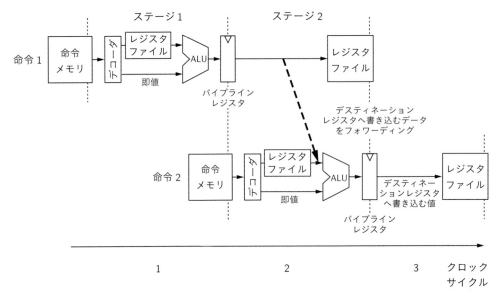

図 5.12　データハザードの解決

行することができます. 具体的には, プログラム 5.4 のような記述をトップ階層に加える
ことで, 想定通りの値を利用して演算を実行することができます.

プログラム 5.4　データフォワーディング

```
1  // ステージ 2 の命令のデスティネーションレジスタがステージ 1 の命令のソースレジスタと
2  // 同じである場合は, ソースレジスタから読み出された値の代わりにステージ 2 の
3  // 命令により書き込まれる値を用いる
4  assign ex_srcreg1_value = (wb_reg_we && (decoder_srcreg1_num == wb_dstreg_num)) ?
       wb_dstreg_value : regfile_srcreg1_value;
```

　以降では, こうしたパイプラインプロセッサへの搭載を前提として, 残る要素回路の設
計について見ていきます.

5.4.1　命令メモリ

　今回実装する命令メモリは, 32 ビット単位で命令が格納され, 1 クロックごとに命令が
読み出されます. 記述の際に重要な点は, 読み出しアドレスの更新をクロックと同期する
ことです. このような工夫により, 多くの FPGA において, FPGA 上に搭載された Block
RAM を使用することができ, LUT や FF といった資源の消費を抑えることができます. こ
こで命令メモリの内容は, PC 上の指定の場所に配置された code.hex という名称のファイ

ルで初期化することにします.

プログラム 5.5 命令メモリ

```
1  module imem (
2    input logic clk,
3    input logic [31:0] addr,
4    output logic [31:0] rd_data
5  );
6
7    logic [0:2047][31:0] mem;  // 8 KiB（13 bit アドレス空間）メモリを多次元配列として宣言
8    logic [10:0] addr_sync;  // 8 KiB を表現するための 11 bit アドレス（下位 2 bit はここでは
9      考慮しない）
10
11   initial $readmemh({MEM_DATA_PATH, "code.hex"}, mem);
12
13   always_ff @(posedge clk) begin
14     addr_sync <= addr[12:2];  // 読み出しアドレス更新をクロックと同期することで BRAM 化
15   end
16
17   assign rd_data = mem[addr_sync];
18
19 endmodule
```

5.4.2 データメモリ

データメモリも命令メモリと同様に，32 ビット単位で 1 データを格納します．ただし，データメモリについてはデータ読み出しだけでなくデータ書き込みも行われます．加えて，RISC-V ISA のロード・ストア命令ではバイトごとに読み出しや書き込みを行う必要があるため，バイトごとにモジュールを用意し，それをトップ階層で四つ呼び出すかたちを採っています．こうすることで，バイトごとの読み書き機能をもたない SRAM を利用する場合にも実装が可能となります．命令メモリと同様に，各データメモリの内容は，PC 上の指定の場所に配置された data.hex，data1.hex，data2.hex，data3.hex という名称のファイルで初期化することにします．

プログラム 5.6 データメモリ

```
1  module dmem #(parameter byte_num = 2'b00) (
2    input logic ck,          // クロック
3    input logic we,          // 書き込みの可否
4    input logic [31:0] addr, // アドレス
```

```
5    input logic [7:0] wr_data,   // 書き込み値
6    output logic [7:0] rd_data   // 読み出し値
7  );
8
9    logic [0:2047][7:0] mem;   // 8 KiB（13 bit アドレス空間）メモリを 4 分割したものを多次
10     元配列として宣言
11   logic [10:0] addr_sync;   // 8 KiB を表現するための 11 bit アドレス（下位 2 bit はここで
12     は考慮しない）
13
14   initial begin
15     unique case (byte_num)
16       2'b00: $readmemh({MEM_DATA_PATH, "data0.hex"}, mem);
17       2'b01: $readmemh({MEM_DATA_PATH, "data1.hex"}, mem);
18       2'b10: $readmemh({MEM_DATA_PATH, "data2.hex"}, mem);
19       2'b11: $readmemh({MEM_DATA_PATH, "data3.hex"}, mem);
20     endcase
21   end
22
23   always_ff @(posedge ck) begin
24     if (we) mem[addr[12:2]] <= wr_data;   // 書き込みタイミングをクロックと同期すること
25       で BRAM 化
26     addr_sync <= addr[12:2];   // 読み出しアドレス更新をクロックと同期することで BRAM 化
27   end
28
29   assign rd_data = mem[addr_sync];
30
31 endmodule
```

5.4.3　GPIO

　スイッチや LED を制御するための，汎用入出力インタフェース（GPIO）を搭載します．インタフェース自体は入力されたデータに応じて出力を変化させるシンプルなモジュールとして実装します．プロセッサは特定のアドレスへのロード・ストア命令実行時にメモリではなく，こうしたモジュールに対して値を読み書きすることで，外部入出力を可能にします．

プログラム 5.7　汎用入力インタフェース

```
1 module gpi (
2   input logic clk,
3   input logic rst_n,
4   input logic [7:0] wr_data,
```

```
 5    output logic [7:0] gpi_out
 6  );
 7
 8    always_ff @(posedge clk or negedge rst_n) begin
 9      if (!rst_n) begin
10        gpi_out <= 8'b00000000;
11      end else begin
12        gpi_out <= wr_data;
13      end
14    end
15
16  endmodule
```

プログラム 5.8 汎用出力インタフェース

```
 1  module gpo (
 2    input logic clk,
 3    input logic rst_n,
 4    input logic we,
 5    input logic [7:0] wr_data,
 6    output logic [7:0] gpo_out
 7  );
 8
 9    always_ff @(posedge clk or negedge rst_n) begin
10      if (!rst_n) begin
11        gpo_out <= 8'b00000000;
12      end else begin
13        if (we) begin
14          gpo_out <= wr_data;
15        end
16      end
17    end
18
19  endmodule
```

5.4.4　UART

　汎用 I/O 回路に加えて，UART によるシリアルデータ入出力についてもサポートします．第 4 章でも述べたように，今回実装先とする FPGA ボード（EDA-012）には FT2232H という USB コントローラ IC が搭載されています．適切なインタフェース回路を記述し，こ

の IC とデータをやり取りすることで，UART に基づくデータ入出力が実現できます．記述例はここでは示しませんが，ft232if.sv というファイルを用意しています．

5.4.5　ハードウェアカウンタ

クロックごとにカウントアップしていく，ハードウェアカウンタについても実装します．プロセッサが特定のアドレスからのロード命令を実行した際，メモリではなくハードウェアカウンタの値を読み出すようにします．ロード命令によってハードウェアカウンタの値を何度か読み出し，読み出した値どうしを比較すると，読み出しの間に経過したクロックサイクル数を測定することができます．また，クロックサイクルあたりにかかる時間は動作周波数から計算できるため，実際の経過時間を推測することもできます．このような機構の搭載によって，一定時間ごとに特定の操作を行う，といったことが可能になります．

プログラム 5.9　ハードウェアカウンタ

```
1  module hardware_counter (
2    input logic clk,
3    input logic rst_n,
4    output logic [31:0] hc_out
5  );
6
7    logic [31:0] cycles;
8
9    assign hc_out = cycles;
10
11   always_ff @(posedge clk or negedge rst_n) begin
12     if (!rst_n) begin
13       cycles <= 32'd0;
14     end else begin
15       cycles <= cycles + 32'd1;
16     end
17   end
18
19 endmodule
```

5.4.6　プロセッサ

これまでに記述した各要素回路をトップ階層となるモジュール中で呼び出し，それぞれ

の間を適切に接続することで, プロセッサを構成します. トップ階層の入出力端子として
は, クロック信号, リセット信号, 汎用外部入力信号, 汎用外部出力信号, UART 用信号
を用意しています.

プログラム 5.10　プロセッサのトップ階層

```
1  module cpu_top (
2    input logic CK,          // クロック信号
3    input logic RB,          // リセット信号
4    input logic [3:0] GPI,   // 汎用入力信号
5    output logic [3:0] GPO,  // 汎用出力信号
6    inout [7:0] FT_ADBUS,    // UART 用信号
7    inout [6:0] FT_ACBUS     // UART 用信号
8  );
```

　今回の例では, シンプルな 2 段パイプラインの構成を採用しました. さらにパイプライ
ンステージの段数を増やし, ステージあたりの処理を減らしていくことで, 動作周波数の
向上を図ることができます. しかしパイプラインステージの増加には, 頻繁なハザード防
止処理発生に伴うクロックあたり命令実行性能の低下や, ハードウェアの複雑化といった
不利益もつきまとうため, 設計者はアプリケーションや実装環境に応じて適切な構成を都
度探索していく必要があります.

5.5　ソフトウェア開発

　プロセッサ上で動作させるソフトウェアの開発について考えてみましょう. 以降では C
言語で記述したソフトウェアを RISC-V ISA に基づくバイナリコードへと変換し, 今回設
計したプロセッサの上で動作させるまでの具体的な流れを示していきます.

　図 5.13 に示すように, C 言語で書かれたソースコードは狭義のコンパイラによってア
センブリコードへと変換されます. アセンブリコードはアセンブラによってオブジェクト
ファイルへと変換されます. その後, 他のライブラリとリンクされ実行可能ファイルとな
ります. こうした変換ツールチェーン(狭義のコンパイラ, アセンブラ, リンカ)を以後
コンパイラと呼ぶことにします.

　こうした実行可能ファイルには, 命令メモリやデータメモリに配置されるバイナリコー
ドや共有ライブラリの情報が含まれています. バイナリコードがメモリ上に適切に配置さ
れることではじめて, プロセッサ上で所望の処理を実現できます. ある PC 上で動作させ
るプログラムを同一の PC 上で開発する場合には, 実行可能ファイルの情報をもとにして

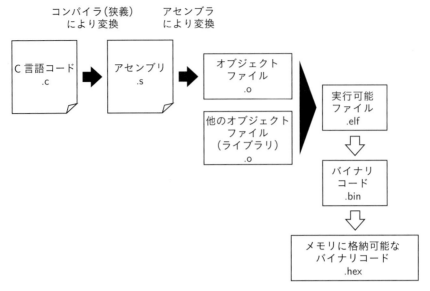

図 5.13　ソフトウェアツールチェーン

OS がこうした作業を担当します．一方，一般的な組込み向けプロセッサ，あるいは今回の
ようなプロセッサ上でプログラムを動かすためには，ホスト PC 上でコンパイラを用いて
生成した実行可能ファイルをもとにバイナリコードを作成し，開発したプロセッサ上のメ
モリへと配置する作業が必要になります．また，先ほど設計した命令メモリやデータメモ
リは，初期値として.hex ファイルを読み込むかたちで記述していました．すなわち今回の
ような場合，バイナリコードを何らかの形で.hex 形式のファイルへと変換し，論理合成前
に組み込んでおくことになります．

　RISC-V 向けのコンパイラについては公式に公開されているソフトウェアを利用するこ
とができます．一方，バイナリコードや.hex ファイルの生成には独自の変換スクリプトな
どが要求されます．C 言語，またはアセンブリで記述したソフトウェアをコンパイルし，
メモリに格納可能なバイナリコードを生成するための一連の流れを実現するソフトウェア
ツールチェーンを，本書のサポートサイトに用意しています．

5.6 FPGA への実装

設計したプロセッサを FPGA 上に実装し，ソフトウェアの実行を通じて所望の動作を実現します．第 2 章，第 4 章でも触れたように，FPGA ボード（EDA-012）へと書き込みを行います．前述したソフトウェアツールチェーンを利用してバイナリコードを生成し，それを FPGA 上に搭載したプロセッサで実行することによって，周辺回路を制御します．

図 5.14 に今回設計したプロセッサの外部との接続図を示します．FPGA の I/O ピンを適切に割り当てることで，FPGA 上に搭載されたプロセッサの各端子とスイッチや LED，UART 通信用 USB コントローラを接続します．EDA-012 における具体的な I/O ピン配置例についてはサポートサイトに掲載しています．

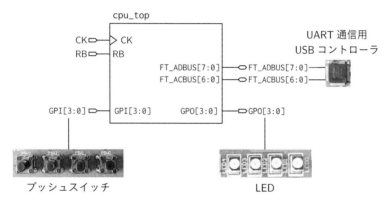

図 5.14 設計したプロセッサの外部との接続

Quartus Prime プロジェクト上で無事に論理合成を終えたら，第 2 章を参考にヒューマンデータ社のダウンロードアプリケーションを使って FPGA へと書き込み，動作確認を行います．

5.6.1 スイッチと LED の制御

プログラム 5.11 に示した C 言語プログラムでは，スイッチの状態に応じて LED の状態を制御しています．第 4 章で示したのとほぼ同様の内容を，ここでは RISC-V プロセッサ上でソフトウェアを動作させることで実現しています．スイッチと LED に接続した GPIO に対応するアドレスへのロード・ストア命令によって，外部から値を受け取る，あるいは外部へと値を出力しています．

プログラム 5.11　LED 制御プログラム

```
1   void digital_write(int pin, int vol);  // 汎用出力用関数
2   int digital_read(int pin);  // 汎用入力用関数
3   void delay(unsigned int time);  // 待機用関数
4
5   int main() {
6
7     while(1){  // 繰り返し
8
9       for (int i=0; i < 4; i++) {
10          led[i] = digital_read(i);
11          digital_write(i, led[i]);  // 四つの汎用出力のうちの一つを制御
12        }
13        delay(1000);  // 1秒待機
14
15    }
16
17    return 0;
18
19  }
20
21  void digital_write(int pin, int vol) {
22
23    volatile char* output_addr = GPO_WRADDR;
24    volatile int* input_addr = GPO_RDADDR;
25
26    // 0 ビット目は 0 ピンの状態，1 ビット目は 1 ピンの状態というように値を格納しているので，
27    // ピンの値に応じたビットのみを変更する
28    if (vol == 1) {
29        *output_addr = (*input_addr | (1 << pin));
30    } else if (vol == 0) {
31        *output_addr = (*input_addr & ~(1 << pin));
32    }
33  }
34
35  int digital_read(int pin) {
36
37    volatile int* input_addr = GPI_ADDR;
38    int vol;
39
40    // 0 ビット目は 0 ピンの状態，1 ビット目は 1 ピンの状態というように値を格納しているので，
41    // ピンの値に応じて特定ビットを読み出す
42    vol = (*input_addr >> pin) & 1;
43
```

```
44    return vol;
45  }
46
47  void delay(unsigned int time) {
48
49    volatile unsigned int* input_addr = HARDWARE_COUNTER_ADDR;  // HDL 側で決めたハード
50      ウェアカウンタ用のアドレスを指定
51    unsigned int start_cycle = *input_addr;
52
53    while (time > 0) {
54      while ((*input_addr - start_cycle) >= HARDWARE_COUNT_FOR_ONE_MSEC) {
55          time--;   // １ミリ秒分のカウント数が経過するごとに time をデクリメント
56          start_cycle += HARDWARE_COUNT_FOR_ONE_MSEC;
57      }
58      if (*input_addr < start_cycle) {
59          start_cycle = *input_addr;
60      }
61    }
62
63  }
```

5.6.2 シリアルインタフェースの制御

プログラム 5.12 では，UART を介したシリアルデータ送信を行っています．FPGA ボードを USB ケーブルを介して PC へと接続し，PC 上で動作するターミナルソフト[*2]を利用することで送信された値を確認することができます（図 5.15）．今回利用する FPGA ボードに搭載された FT2232H を利用する場合は，ターミナルソフト側でのボーレートなどの設定は必要なく，適切なポートを選択すれば値を受け取ることができます．

プログラム 5.12 シリアルインタフェース制御プログラム

```
1  void serial_write(char c);  // UART 送信用関数
2  void delay(unsigned int time);
3
4  int main() {
5
6    while(1){
7
8      serial_write('H');
9      serial_write('E');
```

*2 たとえば，Tera Term: https://ttssh2.osdn.jp/ など.

```
10      serial_write('L');
11      serial_write('L');
12      serial_write('O');
13      serial_write('');
14      serial_write('R');
15      serial_write('I');
16      serial_write('S');
17      serial_write('C');
18      serial_write('-');
19      serial_write('V');
20
21      delay(3000);
22
23    }
24
25    return 0;
26
27  }
28
29  void serial_write(char c) {
30
31    delay(UART_TX_DELAY_TIME);  // 一定時間待機
32
33    volatile char* output_addr = UART_TX_ADDR;
34    *output_addr = c;  // UART 用アドレスに値をストア
35  }
36
37  void delay(unsigned int time) {
38
39    volatile unsigned int* input_addr = HARDWARE_COUNTER_ADDR;  // HDL 側で決めたハード
40    ウェアカウンタ用のアドレスを指定
41    unsigned int start_cycle = *input_addr;
42
43    while (time > 0) {
44      while ((*input_addr - start_cycle) >= HARDWARE_COUNT_FOR_ONE_MSEC) {
45        time--;  // 1ミリ秒分のカウント数が経過するごとにtime をデクリメント
46        start_cycle += HARDWARE_COUNT_FOR_ONE_MSEC;
47      }
48      if (*input_addr < start_cycle) {
49        start_cycle = *input_addr;
50      }
51    }
52
53  }
```

図 5.15 UART 出力結果

5.7　まとめ

　本章では，SystemVerilog を用いた汎用プロセッサの設計例を示し，FPGA への実装とその上でのソフトウェアの実行について述べました．

　RISC-V ISA に基づいて設計されたプロセッサは自由に公開可能であることから，今回の例に限らず，さまざまな設計例を Web 上で見ることができます．権利者の指定するライセンスが許す限りにおいて，こうした実装のソースコードをダウンロードして手元で動作を確認したり，設計の参考とすることができます．たとえば，SystemVerilog で記述された2 段パイプラインから 6 段パイプラインまでのさまざまな RISC-V プロセッサが OpenHW Group により公開されています（`https://github.com/openhwgroup/core-v-cores`）．ほかにも SystemVerilog で記述されたプロセッサを探してみるとよいでしょう．

第6章

SystemVerilogによる ASIC設計

本章では，SystemVerilog で記述した回路を，今まで説明してきた FPGA ではなく，ASIC（Application Specific Integrated Circuit）に実装する方法と注意点を概説します．

6.1　はじめに

　本書が今まで対象としていた FPGA の構造は，1.5 節で述べた通り，LUT に所望の論理情報を書き込み，LUT を電気的につなぎ替えることで大規模な論理回路を実現していました．ASIC は FPGA と異なり，製造後に論理回路を組み替えるといったプログラマビリティをもち合わせていませんが，その反面で実装したいアプリケーションに特化して回路を組み上げるため，ASIC の性能は FPGA より一般的によいことが知られています．

　ASIC 設計の流れを図 6.1 に示します．SystemVerilog で書かれた RTL 記述をもとに，1 ビットレベルで論理演算を行う複数の論理ゲートからなる回路図を生成します．この工程を論理合成と呼び，生成された回路をゲートレベルネットリストと呼びます．論理合成の

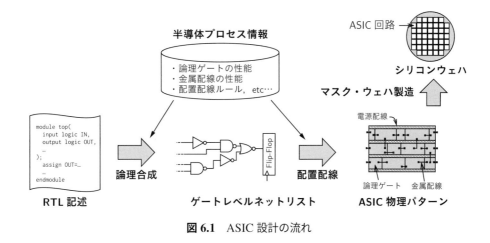

図 6.1　ASIC 設計の流れ

後に，ゲートレベルネットリスト中の論理ゲートを物理的に配置し，金属線で接続することで ASIC の物理パターンデータを生成します．この工程を配置配線と呼びます．最後に物理情報をマスクパターンに変換，シリコンウェハを製造することで ASIC 回路が製造されます．

　論理合成や配置配線の際には，論理ゲートの性能や論理種（AND, OR, NAND などの論理演算種）のラインナップ，金属配線ルールなどの半導体プロセス情報が必要です．ASIC 設計者は，半導体プロセス情報を半導体製造業者から取り寄せて設計を行います．半導体プロセス情報には，たとえば以下のような情報が含まれています．

1. マスクパターン生成のためのレイヤ情報
2. デザインルールファイル
3. スタンダードセルライブラリ
4. チップ実装のための諸設定ファイル
5. IP

　マスクパターンは，通常 GDSII と呼ばれるファイルで記録されます．GDSII では，ポリシリコンや拡散（トランジスタの設計に必要）や金属配線などの項目ごとに，物理的な形状をレイヤ情報として記録しています．項目 1 では，上記の GDSII ファイル情報を含んでいます．

　項目 2 のデザインルールファイルは，マスクパターンに許される物理的な形状ルールをまとめた資料です．たとえば電気配線があまりにも近いと，半導体製造業者は二つの配線をショートさせずに製造することを保証できなくなります．配線間の距離や，トランジスタに許される大きさや配置ピッチなど，物理的な形状に対するルールをまとめています．

　項目 3 のスタンダードセルは，大雑把には論理ゲートのことを意味します．スタンダードセルをひとまとめにしたものをスタンダードセルライブラリと呼び，スタンダードセルライブラリにはスタンダードセルの物理情報からタイミング情報，論理情報などすべてがまとめられています．ディジタル回路設計者は，このスタンダードセルライブラリを使って，自身が設計した RTL コードを ASIC に変換します．

　項目 4 は，項目 1 から 3 を自動設計ツールで使わせるための諸設定ファイルです．論理合成や配置配線の代表的な設計支援ツール[1]を使用しながらディジタル回路設計者は ASIC の設計に取り組みます．

---

[1]　たとえば 2022 年 3 月時点で，Synopsys 社が論理合成ツールとして Design Compiler を，配置配線ツールとして IC Compiler II のライセンスを販売しています．

項目 5 は，オンチップメモリなど，動作が保証された作り置きのモジュールです（4.5 節コラムの IP と同様の概念です）．

ASIC は所望とするアプリケーションに特化した回路ですので，性能は FPGA より高いのですが，FPGA 以上にチップ製造に多大な時間とお金が必要です．実現したい用途に応じて，FPGA や ASIC の設計を使い分けることが重要です．

本章では，本書が今まで取り扱ってきた FPGA 設計と比較した ASIC 設計の違いや注意点を概説します．主に論理合成の工程に焦点を当て，配置配線以降の工程には触れません．

6.2　FPGA 設計との相違点

6.2.1　概要

FPGA 設計と比較した際の ASIC 設計には類似点が非常に多く存在しますが，相違点も多岐にわたります．本書では以下の相違点を挙げます．

- FPGA では利用できない省電力化技術が活用できる
- 回路設計時に利用可能な SystemVerilog 文法に限りがある

本章ではこれら相違点を，SystemVerilog の RTL 記述の視点から概説します．

6.2.2　ASIC 設計にできること・できないこと

■クロックゲーティング

ASIC 設計においては，クロックゲーティングと呼ばれる省電力化技術を利用できます．always_ff 文を使うことで，順序回路を設計できることを第 4 章で述べました．ASIC や FPGA で順序回路を設計する場合，1 クロックの間情報を記憶する役割をフリップフロップ（Flip-Flop，FF）と呼ばれる論理ゲートが担います．

フリップフロップはクロック端子とデータ端子を有しており，クロック信号の入力とともにデータ端子の信号を取り込み，1 クロックの間データを保持します．順序回路では，クロック信号がすべてのフリップフロップのクロック端子へ伝搬します．図 6.2 にフリップフロップへのクロック伝搬の様子を示します．クロック入力から末端のフリップフロップすべてにクロック信号を供給します．すべてのフリップフロップにタイミングのずれなくクロック信号を分配するために，恒等論理ゲートとして動作するクロックバッファ回路を

always_ff 文で生成されたフリップフロップ

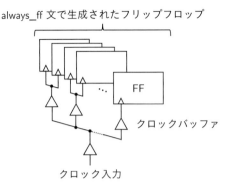

図 6.2 順序回路におけるクロックツリー

挟んで，順序回路を設計することが一般的です．このクロックバッファからなるクロック
のネットワークをクロックツリーと呼びます．クロックツリーはすべてのクロックサイク
ルで稼働するため，順序回路の電力の大部分をクロックツリーが消費します．

　クロックゲーティングは，クロックツリーとフリップフロップの消費電力を削減するた
めに，データ参照が不要な順序回路のクロック供給を切断する技術です．図 6.3 のような，
順序回路 A と順序回路 B からなる回路を例に，クロックゲーティング技術を説明します．
ある処理を行う際に，順序回路 A のみの処理結果が必要で，順序回路 B の処理結果が不要
である状況を考えましょう．このような状況はさまざまな集積回路で見かけることができ
ます．たとえばプロセッサがメモリアクセス命令を処理するとき，浮動小数点ユニットを
稼働させることはありません．このプロセッサの例では，浮動小数点ユニットが図 6.3 の
順序回路 B に相当します．順序回路 B の演算結果が不要であると判断できる場合，クロッ
ク信号の供給をとめる（常に論理値 0 を入力する）ことで，順序回路 B のクロックツリー
が消費する電力をゼロにできます．

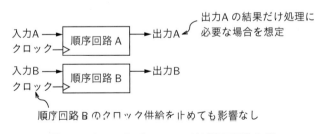

図 6.3 クロックゲーティングが適用可能な例

図6.4にクロックゲーティング回路の例を示します. ラッチ（Dラッチ）とANDゲートと組み合わせた回路で, EN信号に論理値信号1を入力した次のクロックサイクルのみCLK信号をGCLK信号に出力します. RTLではプログラム6.1のように記述します. `always_latch`文を使用します.

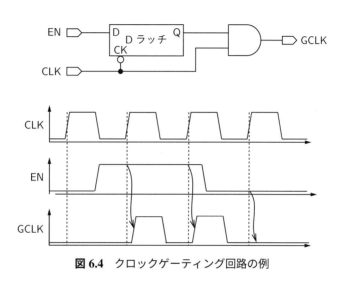

図 6.4 クロックゲーティング回路の例

プログラム 6.1 クロックゲーティング回路

```
1  always_latch begin
2    if(~CLK) begin
3      EN_LATCH <= EN;
4    end
5  end
6
7  assign GCLK = CLK & EN_LATCH;
```

図6.3の順序回路にクロックゲーティング回路を実装した例を図6.5に示します. クロック信号と順序回路の間にクロックゲーティング回路を挟み込み, 順序回路を稼働させるときにEN_AやEN_Bに論理値1を入力することで, クロックゲーティングを実装できます. ASIC設計においては, 図6.4に示す回路を一つの論理ゲートとして利用できることがあり, Integrated Clock Gating（ICG）セルと呼ばれます.

FPGA設計では, 図6.4のクロックゲーティング回路を用いて電力最適化を行えません. ASICでは, ラッチや論理積などの標準的な論理ゲートが与えられていれば特に制約なく利用可能です.

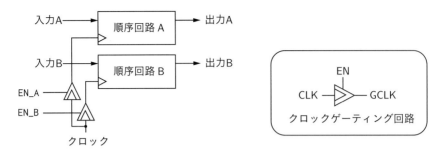

図 6.5　クロックゲーティング回路の実装例

■記憶素子の初期化とリセット

　FPGA 設計と異なり，ASIC 設計においては initial ステートメントを利用して記憶素子の初期化ができません．プログラム 6.2 に初期化をともなう RTL コードを示します．always_ff 文により，one_register という名前のフリップフロップが生成されます．後の initial 文で one_register を 1'b0 に初期化しています．この初期化文は多くの FPGA ではサポートされていますが，ASIC 設計においては論理合成時に無視されます．FPGA ではビットストリームを書き込む際にフリップフロップを初期化できますが，ASIC においてはこの工程が存在しないためです．ASIC 設計においては，リセットプログラム 6.3 に示すように，リセット機能を使い，ASIC のリセット時に値を初期値に設定するようにしましょう．

プログラム 6.2　フリップフロップの初期化

```
1  input logic CK;
2  input logic data;
3  logic one_register = 0;
4
5  always_ff @(posedge CK) begin
6    one_register <= data;
7  end
```

プログラム 6.3　フリップフロップのリセット

```
1  input logic CK;
2  input logic data;
3  input logic RB;
4  logic one_register;
5
6  always_ff @(posedge CK or negedge RB) begin
7    if(!RB) begin
```

```
 8      one_register <= data;
 9    end else begin
10      one_register <= 1'b0;
11    end
12  end
```

🍵 *Column*　無料で使える ASIC 設計環境

6.1 節でも説明したとおり，ASIC の物理パターンを作成するためには半導体プロセス情報が必要です．半導体製造業者と契約を結んでプロセス情報を入手し，有償でチップを製造することが一般的ですが，無償で公開されたプロセス情報を使って誰でもチップ試作可能な例も存在します．

たとえばアリゾナ州立大学が 7 nm プロセステクノロジ（Arizona State Predictive PDK, ASAP)[a] を想定した仮想プロセス情報を一般公開しています[b]．仮想プロセスですので，ASIC を物理的に製造することはできませんが，FinFET と呼ばれる最先端のトランジスタの使用を想定し，物理パターン情報の生成（チップの製造直前）まで設計をすることができます．

ほかにも，米国の SkyWater Technology 社が，米国 Google 社と協力してオープンソースの 130 nm プロセステクノロジのプロセス情報を公開しています[c]．無料で ASIC 試作を製造できるキャンペーンも展開されています[d]．OpenLane と呼ばれるオープンソース CAD プロジェクト[e] とタイアップしており，コンピュータさえあれば，無料で SkyWater 130 nm プロセステクノロジでチップ設計を行えます．

さらに，ツールや書籍は有償となりますが，CMOSedu.com[f] というサイトが，集積回路の設計工程などの解説を Web 上で行っています．有償の商用設計ツールを使ったサンプルフローなどを閲覧できます．

---

[a] 半導体プロセスを代表するパターンのサイズが 7 nm（Feature size と呼ばれる）のプロセス情報であることを意味します．トランジスタの最小の大きさ（ゲート長）や，金属配線の最小の太さが代表的な Feature size です．
[b] https://asap.asu.edu/
[c] https://github.com/google/skywater-pdk
[d] https://efabless.com/open_shuttle_program
[e] https://github.com/The-OpenROAD-Project/OpenLane
[f] https://cmosedu.com

6.2.3　ASIC 設計事例

　本項では，アリゾナ州立大学が提供している 7 nm 仮想プロセステクノロジ（詳細は，直前のコラム "無料で使える ASIC 設計環境" を読んでください）を利用した ASIC の設計事例を具体例を交えて紹介します．

■ ASIC 設計事例

　本節では，32 ビットカウントアップ回路（順序回路）を例に，チップ設計事例のごく一部を紹介します．前節で紹介した ASAP 7 nm プロセステクノロジを利用します．論理合成にあたり，Synopsys 社が提供する Design Compiler を使用します．ユーザは以下の情報を用意する必要があります．

1. 設計したい回路の RTL ファイル
2. 設計制約ファイル
3. スタンダードセルタイミング情報（通常，半導体プロセス情報の中に同梱）
4. 論理合成フロー

プログラム 6.4　32 ビットカウントアップ回路

```
1   module COUNTER32 (
2     //// Clock
3     input logic CK;
4
5     //// Negative reset
6     // 0: reset
7     // 1: other
8     input logic RB;
9
10    // Count signal
11    output logic [31:0] CT;
12  )
13  // Count register
14  logic [31:0] count_r;
15  // Assign count_o to count_r
16  assign CT = count_r;
17
18  always_ff @(posedge CK)
19  begin
20    if(!RB) begin
21      count_r <= #2 32'h0;
```

```
22    end
23    else begin
24      count_r <= #2 count_r + 32'h1;
25    end
26  end
27
28  endmodule
```

　今回の設計で使用する 32 ビットカウントアップ回路の RTL コードをプログラム 6.4 に
示します．クロックサイクルごとに，レジスタ count_r に 1 が加算され，その結果が CT
に出力されます．

　項目 2 は，回路合成に際に与える設計制約を指定します．ここでは所望する動作速度や
入出力端子の遅延情報，その他設計制約情報を指定します．たとえば Synopsys 社の Design
Compiler の場合，SDC（Synopsys Design Constraints）と呼ばれるフォーマットで記述し
ます．FPGA 設計で使用した Quartus も同様のフォーマットを採用しており，SDC を用い
て FPGA の設計制約を指定します．たとえば，プログラム 6.5 のような内容で SDC を記
述します．あくまでもこの設定は一例であり，設計する回路や目的に応じて柔軟に設定す
る必要があります．

プログラム 6.5 SDC 記述例

```
1  create_clock {CK} -name CK -period 2500 -waveform { 0  1250 }
2  set_input_delay 0 -clock CK {RB}
3  set_output_delay 0 -clock CK [all_outputs]
4  set_driving_cell -lib_cell INVx1_ASAP7_75t_L -pin Y [all_inputs]
5  set_load [expr 4 * [load_of [get_lib_pins asap7sc7p5t_INVBUF_LVT_TT_nldm_201020/
        INVx1_ASAP7_75t_L/A]]] [all_outputs]
```

　行ごとに簡単に内容を説明します．遅延情報の設定と，マクロの入出力部分を設定して
います．

1 行目：クロック信号の名前，周期，デューティー比（クロック信号がそれぞれ 0 と 1
　　　　である時間の割合．通常 50 ％）を定義します．

2～3 行目：マクロの入力/出力端子の遅延を設定します．この遅延情報をもとに，入力信
　　　　号や出力信号の変化に起因する遅延故障を起こさないようタイミング最適化を
　　　　行います．

4 行目：入力端子を駆動する論理ゲートを指定します．本サンプルでは標準インバータ
　　　　セルの INVx1_ASAP7_75t_L を指定しています．

5 行目：出力端子に負荷（キャパシタンス）を取り付けます．本サンプルでは標準イン
　　　　バータセルの INVx1_ASAP7_75t_L 4 個分の入力容量を指定しています．

　項目 3 のスタンダードセルは，ディジタル回路設計をする際に使用する論理ゲートのこ
とを主に意味します．半導体プロセス情報の中に同梱されており，対象プロセスで設計さ
れた論理ゲートの種類，遅延情報，消費電力，面積などのプロセス情報に強く依存した特
性がまとめられています．多くの場合，回路設計者が自前で用意する必要はありません．
　項目 4 の論理合成フローにて，論理合成ツールで実行する手続きを指定します．Synopsys
社の Design Compiler では，スクリプト言語 Tcl に基づく独自の言語を採用しています．
Design Compiler 用のフローをプログラム 6.6 に示します．あくまでもこの設定は一例であ
り，設計する回路や目的に応じて柔軟に設定する必要があります．

プログラム 6.6　論理合成フロー

```
1   set verilogout_no_tri "true"
2   set library_path "/nas/pdk/asap7/asap7-master/asap7sc7p5t_27/LIB/NLDM/"
3   lappend search_path $library_path
4
5   set target_library [list \
6   "asap7sc7p5t_AO_LVT_TT_nldm_201020.db" \
7   "asap7sc7p5t_INVBUF_LVT_TT_nldm_201020.db" \
8   "asap7sc7p5t_OA_LVT_TT_nldm_201020.db" \
9   "asap7sc7p5t_SIMPLE_LVT_TT_nldm_201020.db" \
10  "asap7sc7p5t_SEQ_LVT_TT_nldm_201020_mod.db" \
11  ]
12  set synthetic_library "dw_foundation.sldb"
13  set link_library [list  $target_library $synthetic_library]
14
15  set hdlin_unsigned_integers "false"
16
17  read_file -format sverilog ../rtl/COUNTER32/COUNTER32.sv
18  check_design
19  source ../rtl/COUNTER32/COUNTER32.sdc
20  set_max_area 0
21  compile -ungroup_all
22  define_name_rules verilog -allowed "A-Z0-9_"
23  change_names -rules verilog -hierarchy
24  write -f verilog -hier -o COUNTER32_net.v
25  write -f ddc -hier -o COUNTER32.ddc
26  # SDF を書き出す
27  write_sdf -version 1.0 COUNTER32.sdf
28  # タイミング，面積などを出力．
```

```
29  redirect COUNTER32.max.timing.log { report_timing -delay max -max_paths 20 }
30  redirect COUNTER32.min.timing.log { report_timing -delay min -max_paths 20 }
31  redirect COUNTER32.area.log { report_area }
32  quit
```

行ごとに簡単に内容を説明します.

2〜13 行目：項目 3 のスタンダードセル情報を指定します．Liberty 形式と呼ばれるデータ形式のファイルを指定をしています.

17〜18 行目：項目 1 の RTL ファイルをロードし，文法チェックを行います.

19 行目：項目 2 の SDC ファイルをロードします.

20 行目：可能な限り小さく作るよう指定します（SDC にまとめることもできます）.

21 行目：論理合成が行われ，ゲートレベルネットリストが生成されます.

22〜27 行目：設計ファイルの出力を行います．22 行目から 24 行目にて，ゲートレベルネットリストを Verilog 形式で出力します．27 行目で，論理ゲートの遅延情報を SDF（Standard Delay Format）形式で出力します．このファイルには，ネットリスト内の全論理ゲートの伝搬遅延や配線遅延がテキストで書かれています．遅延情報を考慮したゲートレベルシミュレーションなどで使用します.

29〜30 行目：STA（Static Timing Analysis）の結果をテキストファイルとして出力します．Quartus Prime の Timing Analyzer と同等の解析結果を閲覧できます.

31 行目：論理合成されたマクロの面積情報を出力します.

プログラム 6.7 に STA 結果を示します．STA は設計した回路のクリティカルパス遅延を高速に見積もれる遅延推定技術です．ほとんどのディジタル回路設計ツールに標準搭載されており，STA 結果に基づき，回路のタイミング最適化を行います.

FPGA 設計と異なり，クリティカルパスの伝搬遅延を論理ゲートレベルで確認できます．今回の設計では，26 行目のフリップフロップから 42 行目のフリップフロップまでのパスが，クリティカルパスとなっています.

STA によってパス上の論理ゲートの伝搬遅延を確認できます．最後の行で，タイミングの余裕度（slack）を計算します．この値は SDC（項目 2）で指定されたタイミング制約から計算され，slack が正の値であればタイミング違反なく回路が動きます（ポジティブスラックと呼びます）.

slack の単位はプロセスによって異なり，特に指定しない場合，スタンダードセルタイ

ミング情報（項目 3）に記載された単位に準拠します．今回の例では ps（10^{-12} 秒）です．slack の値が大きいほど，高速に回路を動作させることができます．

逆に slack の値が負である場合（ネガティブスラックと呼びます），回路が遅延故障を起こし，正常動作できません．プログラム 6.6 の 17 行目に示した論理合成の際に，Design Complier は STA を同時に行い，slack の値が負にならないよう，回路構造や論理ゲートの駆動力を調整して最適化を行います．

プログラム 6.7　STA のログ

```
1   ******************************************
2   Report : timing
3          -path full
4          -delay max
5          -max_paths 20
6   Design : COUNTER32
7   Version: M-2016.12-SP4
8   Date   : Sun May 14 19:11:56 2023
9   ******************************************
10
11  Operating Conditions: PVT_0P7V_25C   Library: asap7sc7p5t_AO_LVT_TT_nldm_201020
12  Wire Load Model Mode: top
13
14    Startpoint: COUNT_R_REG_0_
15            (rising edge-triggered flip-flop clocked by CK)
16    Endpoint: COUNT_R_REG_31_
17            (rising edge-triggered flip-flop clocked by CK)
18    Path Group: CK
19    Path Type: max
20
21    Point                                          Incr        Path
22    -------------------------------------------------------------------
23    clock CK (rise edge)                           0.00        0.00
24    clock network delay (ideal)                    0.00        0.00
25    COUNT_R_REG_0_/CLK (DFFHQNx1_ASAP7_75t_L)      0.00        0.00 r
26    COUNT_R_REG_0_/QN (DFFHQNx1_ASAP7_75t_L)       50.57       50.57 r
27    ADD_25_U1_1_1/CON (HAxp5_ASAP7_75t_L)          15.39       65.95 f
28    U156/Y (INVx1_ASAP7_75t_L)                     10.77       76.72 r
29    ADD_25_U1_1_2/CON (HAxp5_ASAP7_75t_L)          11.38       88.10 f
30    U154/Y (INVx1_ASAP7_75t_L)                     10.28       98.39 r
31    ADD_25_U1_1_3/CON (HAxp5_ASAP7_75t_L)          11.23       109.61 f
32    U152/Y (INVx1_ASAP7_75t_L)                     10.28       119.90 r
33    ADD_25_U1_1_4/CON (HAxp5_ASAP7_75t_L)          11.23       131.13 f
34    U150/Y (INVx1_ASAP7_75t_L)                     10.28       141.41 r
```

```
35   ... Omitted
36   U136/Y (INVx1_ASAP7_75t_L)                          10.28      291.99 r
37   ADD_25_U1_1_12/CON (HAxp5_ASAP7_75t_L)              11.23      303.22 f
38   ADD_25_U1_1_12/SN (HAxp5_ASAP7_75t_L)              10.34      313.56 r
39   U135/Y (INVx1_ASAP7_75t_L)                           6.69      320.25 f
40   U86/Y (NAND2xp5_ASAP7_75t_L)                         9.03      329.28 r
41   COUNT_R_REG_12_/D (DFFHQNx1_ASAP7_75t_L)             0.00      329.28 r
42   data arrival time                                              329.28
43
44   clock CK (rise edge)                              2500.00     2500.00
45   clock network delay (ideal)                          0.00     2500.00
46   COUNT_R_REG_12_/CLK (DFFHQNx1_ASAP7_75t_L)           0.00     2500.00 r
47   library setup time                                 -10.83     2489.17
48   data required time                                            2489.17
49   ------------------------------------------------------------------------
50   data required time                                            2489.17
51   data arrival time                                            -329.28
52   ------------------------------------------------------------------------
53   slack (MET)                                                   2159.90
```

　　順序回路を論理合成した結果をプログラム 6.8 に示します．論理ゲートのインスタンス
が多く呼び出されています．たとえば DFFHQNx1_ASAP7_75t_L は ASAP 7 nm プロセスに
おける D フリップフロップ（DFF）の名前を意味します．DFFHQNx1_ASAP7_75t_L の行に
書かれた D, CLK, QN はそれぞれ論理ゲートの入力，クロックおよび出力のピン名を意味
します．4 行目の部分で配線名が宣言されており，ここで宣言された配線が論理ゲートど
うしのつながり方を定義しています（SystemVerilog ではなく Verilog の文法で記載されて
いることに注意してください）．このように，論理合成された結果は論理ゲートとその配線
接続情報でまとめられます．このファイルをゲートレベルネットリストと呼び，Verilog 形
式で書かれます[*2].

プログラム 6.8　論理合成結果

```
1   module COUNTER32 ( CK, RB, CT );
2     output [31:0] CT;
3     input CK, RB;
4     wire    N34, N33, N340, N35, N36, N37, N38, N39, N40, N41, N42, N43, N44, N45,
5             N46, N47, N48, N49, N50, N51, N52, N53, N54, N55, N56, N57, N58, N59,
6     // Omitted
7             N167, N168, N169, N170, N171, N172, N173, N174, N175, N176, N177,
```

---

*2　CAD ベンダによっては独自のファイル形式でゲートレベルネットリストを記述することもあります
　　が，書かれている情報は Verilog 形式で書かれたゲートレベルネットリストを包含しています．

```
 8          N178, N179, N180, N181, N182, N183, N184;
 9
10     DFFHQNx1_ASAP7_75t_L COUNT_R_REG_0_ ( .D(N64), .CLK(CK), .QN(CT[0]) );
11     DFFHQNx1_ASAP7_75t_L COUNT_R_REG_1_ ( .D(N63), .CLK(CK), .QN(CT[1]) );
12     DFFHQNx1_ASAP7_75t_L COUNT_R_REG_2_ ( .D(N62), .CLK(CK), .QN(CT[2]) );
13     DFFHQNx1_ASAP7_75t_L COUNT_R_REG_3_ ( .D(N61), .CLK(CK), .QN(CT[3]) );
14     DFFHQNx1_ASAP7_75t_L COUNT_R_REG_4_ ( .D(N60), .CLK(CK), .QN(CT[4]) );
15     DFFHQNx1_ASAP7_75t_L COUNT_R_REG_5_ ( .D(N59), .CLK(CK), .QN(CT[5]) );
16     DFFHQNx1_ASAP7_75t_L COUNT_R_REG_6_ ( .D(N58), .CLK(CK), .QN(CT[6]) );
17     // Omitted
18     INVx1_ASAP7_75t_L U153 ( .A(N129), .Y(N119) );
19     INVx1_ASAP7_75t_L U154 ( .A(N128), .Y(N120) );
20     INVx1_ASAP7_75t_L U155 ( .A(N127), .Y(N121) );
21     INVx1_ASAP7_75t_L U156 ( .A(N126), .Y(N122) );
22     INVx1_ASAP7_75t_L U157 ( .A(N125), .Y(N123) );
23     INVx1_ASAP7_75t_L U158 ( .A(CT[0]), .Y(N124) );
24     XNOR2xp5_ASAP7_75t_L U159 ( .A(N184), .B(CT[31]), .Y(N34) );
25   endmodule
```

　　回路設計者は RTL ファイル（項目 1）と設計制約（項目 2）を指定するだけで，設計制約を満たす対象回路を自動的に論理合成ツールが生成します．論理合成ツールを使うことで，回路設計者はスタンダードセル情報を気にすることなく，対象とするプロセステクノロジに応じた回路を設計することができます．

6.3　まとめ

　　本章では，ASIC の開発事例について，具体例を交えて解説しました．FPGA と異なり ASIC は高い性能を実現できますが，FPGA と比べて設計に必要な時間や費用が大幅に異なります．FPGA で使えた文法が ASIC で使えないこともあります．ASIC や FPGA にはそれぞれ利点や欠点があり，設計者が実現したいアプリケーションに応じて，適切に設計手段を使い分けることが重要です．

## 第 7 章

SystemVerilog と Verilog HDL の対比と記述の罠

本章では，SystemVerilog と Verilog HDL の対比を最初に説明します．次に，文法エラーとはならない SystemVerilog 記述のさまざまな例を挙げます．先にも述べた通り，SystemVerilog はその曖昧さから，さまざまな記述ができるため，罠にハマってしまうこともあります．本章でその一部を学びましょう．

7.1 SystemVerilog と Verilog HDL の対比 (reg，wire，logic)

Verilog HDL では，FF やラッチのように記憶を伴う場合には reg で定義し，組合せ回路のように記憶を伴わない場合は wire で信号を定義するのが一般的な記述方法でした．SystemVerilog でも，wire，reg が使えますが，本書ではすべて logic で信号を定義しています．logic で定義した変数が記憶をもつかもたないかは，その変数への代入が記憶を伴う always_ff，always_latch で行われるか，記憶を伴わない always_comb，assign で行われるかにより決まります．プログラム 7.1，7.2 に，Verilog と System Verilog の記述の違いを示します．SystemVerilog は，Verilog の上位互換のため，wire や reg で定義した変数や信号を混ぜてもエラーとはなりませんが，使わないほうがわかりやすい記述となるでしょう．

ただし，すべて logic で定義するために，ぱっと見で，その信号が組合せ回路の入出力を意図しているのか，記憶値をもつ回路の出力を意図しているかわかりにくくなります．記憶値をもつ回路の出力を意図している場合は，信号名の最後に _reg，_lat などを付加するとわかりやすくなります．

プログラム 7.1 Verilog 風の記述

```
1  module Verilog(input wire CK, A, B, output wire C);
```

```
2    reg REG;
3    always @(posedge CK)
4      REG <= A&B;
5    assign C = REG;
6  endmodule
```

プログラム 7.2　SystemVerilog 風の記述

```
1  module SystemVerilog(input logic CK, A, B, output logic C);
2    logic REG;
3    always_ff @(posedge CK)
4      REG <= A&B;
5    assign C = REG;
6  endmodule
```

　本書では，上記の通り wire，reg での記述は排除して，すべて logic を使って記述しています．wire で定義した場合には，プログラム 7.3 のような記述が使えます．定義時に代入ができるため，行数を減らすには有効な記述方法です．

プログラム 7.3　wire 定義時に代入

```
1  module wire_assign(input logic a, b, c, output logic ya, yb);
2    wire w0 = a & b & c;
3    assign ya = ~w0;
4    assign yb = ~(a&b&c);
5  endmodule // wire_assign
```

　しかし，プログラム 7.4 のように，logic で同様の記述をすると，シミュレータでは文法エラーにはなりませんでしたが，結果は ya の出力値が常に不定値（x）となります．

プログラム 7.4　logic 定義時に代入

```
1  module logic_assign(input logic a, b, c, output logic ya, yb);
2    logic w0 = a & b & c;
3    assign ya = ~w0;
4    assign yb = ~(a&b&c);
5  endmodule // wire_assign
```

　Intel 社の Quartus Prime (Version 21.1.0.842) ではプログラム 7.4 の記述を FPGA にインプリメントしようとするとエラーとなりました．AMD 社の Vivado (Version 2020.1) では，wire 定義と同様の回路が論理合成されてしまいました．C 言語では，変数の定義時に代入するのは初期値です．第 3 章で述べた通り，FPGA 向けの記述では，logic 変数定義時に

初期値を代入することで，FF（レジスタ）の初期値とすることが可能です．記述は長くなりますが，logic で定義して assign で代入する記述スタイルを本書では推奨します．

文献 [10] によると，wire は net type に属するキーワードで，reg は logic と同様に data type に属するキーワードです．しかし wire logic 信号名; という記述はエラーとはなりませんが，wire reg 信号名; はエラーとなります．wire は "信号" を定義し，reg は "記憶できる変数" を定義するため矛盾してしまうからです．SystemVerilog では，"logic 信号名;" は Verilog HDL 時代に使っていた "wire 信号名" と "reg レジスタ名" を統一的に書ける記法として使っていくのがよいのではないでしょうか．もちろん，reg でレジスタ，wire でそれ以外の信号を定義する記法も否定はしません．

☕ *Column* ChatGPT

ChatGPT は AI を使って対話形式で質問に答えてくれるサービスです．学校のレポート課題にも答えてくれることもあるため，2023 年 5 月現在では，その利用を禁止していたり，利用が著作権侵害に当たると注意喚起している大学もあります．

その ChatGPT に「SystemVerilog で L チカのコードを書いてください．」と質問したさいの回答は次のとおりでした．

```
module blinkLED(output logic led); // LED の出力ピン
  always @ (posedge $clock) begin // クロックの立ち上がりで実行する
    led <= 1'b0; // LED を点灯
    #(1000000000) led <= 1'b1; // 1 秒待ってから LED を消灯
  end
endmodule
```

さて，この回答は正しいでしょうか？ 残念ながら正しくありません．まず，$clock とはなんでしょう？ ChatGPT に「$clock とはなんでしょうか？」と聞いてみました．回答が長いため，要約すると「$clock は SystemVerilog で使用できる組込み変数」とのことですが，インターネットで調べた限りにおいてそのような説明は見つかりません．さらに，「$clock を使わないコードを教えてください．」として返ってきた答えは次のとおりです．

```
module blinkLED(output logic led); // LED の出力ピン
  bit clk = 0;
  always @ (posedge clk) begin // clk の立ち上がりで実行する
    led <= ~led; // LED を反転させる
```

```
  end
  always #500000000 clk <= ~clk; // 0.5 秒ごとに clk を反転させる
endmodule
```

　こちらも正しくありません．では，何が問題なのでしょうか？　まず，1 秒ごとに点滅させるための遅延を生成するのに#を使っていますが，これはシミュレーションのみで有効で，論理合成できません．$clock を使わないようにした記述でも，#を使っています．さらに，led の値の初期値がないためシミュレーション結果でも led は不定値 x のままです．SystemVerilog のコードはインターネット上にはそれほどたくさん転がっていないためか，正しい回答は得られませんでしたが，参考となるような回答をすることもあるようです．今後に期待しましょう．

7.2　SystemVerilog 記述の罠

7.2.1　ビット幅不足

　上限値まで来たら 0 に戻るアップカウンタなどの回路で，上限値がカウンタ値を格納する変数のビット幅で表現できる最大値を超えていると，正常に動作しません．プログラム 7.5 にその例を示します．CNT は 10 ビットであるため，0 から 1023 までしか数えられず，MAX は 2048 となりません．0 から 1023 まで数えた後は 0 になります．プログラム 7.6 が正しい記述です．

プログラム 7.5　正常に動作しないカウンタ記述

```
1  module counter(input logic CK, RB, output logic MAX);
2    parameter LIMIT = 12'd2048;
3    logic [9:0] CNT; // 10 ビットで記述されているので 2048 にならない.
4    always @(posedge CK or negedge RB)
5      if(RB == 0)
6        CNT <= 0;
7      else
8        if(CNT == 2048)
9          CNT <= 0;
10       else
11         CNT <= CNT + 1;
12   assign MAX = (CNT == LIMIT) ? 1:0;
13 endmodule // counter
```

プログラム 7.6 正しいカウンタ記述

```
1  module counter(input logic CK, RB, output logic MAX);
2    parameter LIMIT = 12'd2048;
3    logic [11:0] CNT; // 12ビットで記述
4    always @(posedge CK or negedge RB)
5      if(RB == 0)
6        CNT <= 0;
7      else
8        if(CNT == 2048)
9          CNT <= 0;
10       else
11         CNT <= CNT + 1;
12   assign MAX = (CNT == LIMIT) ? 1:0;
13 endmodule // counter
```

7.2.2 非同期リセットと同期リセットの混在

　非同期リセット（RB）とは，FF に供給されるクロック信号と関係なく，FF の値を 0 もしくは 1 に初期化するための入力信号です．組込み回路では，電源を入れたときに，自動的に RB を 0 として，初期化しなければならない FF を初期化します．この動作をパワーオンリセットと呼びます．一方，動作中に FF の値を初期化して，1 から処理をはじめたいこともあります．このような場合は，非同期リセットではなく，クロックに同期する同期リセット（ここでは SRB とします）を使います．第 3 章でも，その違いは説明されています．プログラム 7.7 は RB==0 の条件の後に，SRB==0 の条件を書いているため，正しく論理合成されます．しかし，プログラム 7.8 の記述は，RB と SRB の論理和を取っています．どちらもシミュレーションでは正しく動作します．しかし，プログラム 7.8 は論理合成できません．

プログラム 7.7 正しい記述

```
1  always_ff
2  @(posedge CLK or negedge RSTB)
3    if(RSTB == 0)
4      Q <= 0;
5    else
6      if(SRB == 0)
7        Q <= 0;
```

プログラム 7.8 シミュレーションできるが論理合成できない記述

```
1  always_ff
2  @(posedge CLK or negedge RSTB)
3    if((RB == 0) || (SRB == 0))
4      Q <= 0;
5    else
```

7.2.3 　論理合成を意識した記述スタイル

　大学の授業で Verilog HDL を使った設計の課題をだしたところ，さまざまな解答があり
ました．その中にはわざわざ，カルノー図などから論理式を導出したものから，一目では
どんな論理かわからないものまでさまざまなものがありました．

　HDL は論理合成をするための記述するもので，かつその記述がどのような機能を表すか
を設計者以外にも読みやすく理解しやすいようにする必要があります．Verilog HDL とと
もに利用されている VHDL は，そもそも米国の国防総省により LSI の動作をわかりやす
く記述するために開発が始まったハードウェア記述言語です．Verilog HDL はシミュレー
タから始まったため，必ずしも読みやすい言語とはいえませんが，それでも

- 論理合成しやすい
- 読みやすくて理解しやすい

という 2 点を頭に置いて設計をする必要があります．

　プライオリティエンコーダを例に取ります．プライオリティエンコーダとは多ビットの
入力のうちの 1 となっている最上位ビットを 2 進数で出力する回路です．4 ビットのプライ
オリティエンコーダの真理値表を表 7.1 に示します．N は入力が 0 のときに 1 となります．

表 7.1　4 ビットのプライオリティエンコーダの真理値表

$A[3]$	$A[2]$	$A[1]$	$A[0]$	$Y[1]$	$Y[0]$	N
0	0	0	0	0	0	1
0	0	0	1	0	0	0
0	0	1	0	0	1	0
0	0	1	1	0	1	0
0	1	0	0	1	0	0
1	1	0	0	1	1	0

　では，この回路を SystemVerilog で記述するにはどうすればよいでしょうか？　筆者の
主観もありますが，論理合成しやすく読みやすくて理解しやすい記述は casex 文を使った
プログラム 7.9 です．

プログラム 7.9　casex 文によるプライオリティエンコーダ

```
1  module priorityencoder(input [3:0] A, output [1:0] Y, output N);
2    function [1:0] encoder(input [3:0] IN);
3      casex (IN)
```

```
4      4'b1xxx: encoder = 2'b11;
5      4'b01xx: encoder = 2'b10;
6      4'b001x: encoder = 2'b01;
7      4'b0001: encoder = 2'b00;
8      default: encoder = 2'b00;
9    endcase // casex (IN)
10   endfunction // encoder
11   assign Y = encoder(A);
12   assign N = (A == 0) ? 1'b0:1'b1;
13 endmodule // priorityencoder
```

プログラム 7.10 if 文によるプライオリティエンコーダ

```
1  module priorityencoder(input [3:0] A, output [1:0] Y, output N);
2    function [1:0] encoder(input [3:0] IN);
3      if(IN[3] == 1)
4        encoder = 2'b11;
5      else if(IN[2] == 1)
6        encoder=2'b10;
7      else if(IN[1] == 1)
8        encoder = 2'b01;
9      else
10       encoder = 2'b00;
11   endfunction // encoder
12   assign Y = encoder(A);
13   assign N = (A == 0) ? 1'b0:1'b1;
14 endmodule // priorityencoder
```

プログラム 7.11 論理関数によるプライオリティエンコーダ

```
1  module priorityencoder(input [3:0] A, output [1:0] Y, output N);
2    assign Y[1] = A[3] | (~A[2]) & A[1];
3    assign Y[0] = A[3] | A[2];
4    assign N = ~(A[3] | A[2] | A[1] | A[0]);
5  endmodule // priorityencoder
```

　if を使ったプログラム 7.10 の記述でもよいのですが，プライオリティエンコーダということが明示的にわかる記述ではありません．わざわざカルノー図からプログラム 7.11 のように設計した受講生もいました．これでは，どんな回路なのか誰も理解できません．さらに，米国の企業に務める筆者の知り合いからはプログラム 7.12 の記述がよいとのアドバイスをもらいました．これは初期値を代入後，for ループで出力値を決めるものです．記述としては if 文よりは短くなりますが，ソフトウェアプログラム的な記法であり，ハード

ウェア向きとはいえない例です．しかし，i<=3 の 3 を変えるだけでビット幅の変更に対応
できるため，ポータビリティの高い記述といえます．このような記法は文献 [11] にて公開
されています．

プログラム 7.12　for ループ文によるプライオリティエンコーダ

```
1  module priorityencoder(input [3:0] A, output [1:0] Y, output N);
2    function [1:0] encoder(input [3:0] IN);
3      begin
4        for (int i = 0; i <= 3; i++)
5          if (IN[i]) encoder = 4'(i);
6        else
7          encoder = 4'b0;
8      end
9    endfunction
10   assign Y = encoder(A);
11   assign N = (A == 0) ? 1'b0:1'b1;
12 endmodule // priorityencoder
```

　なお，これら 4 種類のプライオリティエンコーダを LSI 向けに論理合成したところ，プ
ログラム 7.9，7.10，7.12 は全く同じ回路が合成されましたが，プログラム 7.11 のみ異な
る回路となりました．プログラム 7.11 の面積が最も小さくなりましたが，合成されたのは
どれも論理ゲート 4 個からなる回路であり，大規模な回路では無視できるほどの違いです．

7.2.4　論理演算と四則演算による面積と遅延時間

　加算と減算は第 3 章で述べた通り，2 の補数を使うことで同じ論理ゲート数で実現できま
す．乗算，除算は論理ゲート数が多くなります．したがって，乗算や除算をできるだけ使わ
ずにコーディングすることが重要です．たとえば，0 から 99 まで数えて 0 に戻る modulo100
カウンタの実装法による論理合成後のハードウェア量（面積）と速度（クリティカルパス
遅延）の差をプログラム 7.13 からプログラム 7.16 の 4 種類の実装方法で調べてみました．
表 7.2 にその結果を示します．論理合成には商用の 180 nm プロセスの LSI 用ライブラリ
を用いています．

プログラム 7.13　等価比較による実装

```
1  module modulo100_ver0
2    (input logic RB, CK, output logic [7:0] Q);
3    always_ff @(posedge CK or negedge RB)
4      if(RB == 0)
```

```
5        Q <= 0;
6      else
7        if(Q == 99)
8          Q <= 0;
9        else
10         Q <= Q + 1;
11 endmodule // modulo100_ver0
```

プログラム 7.14　大小比較による実装

```
1  module modulo100_ver1
2    (input logic RB, CK, output logic [7:0] Q);
3    always_ff @(posedge CK or negedge RB)
4      if(RB == 0)
5        Q <= 0;
6      else
7        if(Q >= 99)
8          Q <= 0;
9        else
10         Q <= Q + 1;
11 endmodule // modulo100_ver1
```

プログラム 7.15　剰余による実装その 1

```
1  module modulo100_ver2
2    (input logic RB, CK, output logic [7:0] Q);
3    always_ff @(posedge CK or negedge RB)
4      if(RB == 0)
5        Q <= 0;
6      else
7        Q <= (Q+1) % 100;
8  endmodule // modulo100_ver1
```

プログラム 7.16　剰余による実装その 2

```
1  module modulo100_ver3
2    (input logic RB, CK, output logic [7:0] Q);
3    always_ff @(posedge CK or negedge RB)
4      if(RB == 0)
5        Q <= 0;
6      else
7        if((Q + 1) % 100 == 0)
8          Q <= 0;
9        else
```

```
10          Q <= Q + 1;
11  endmodule // modulo100_ver3
```

表 7.2　実装方法による比較

実装方法 （プログラム番号）	等価比較 (7.13)	大小比較 (7.14)	剰余その 1 (7.15)	剰余その 2 (7.16)
面積〔μm²〕	994	1023	1442	2658
（比）	100 %	102 %	145 %	267 %
クリティカルパスの遅延時間〔ns〕	0.43	0.43	3.10	4.80
（比）	100 %	100 %	721 %	1116 %

　面積，遅延時間が，最も小さいのは，等価比較（==）です．等価比較は論理演算のみで行えるため，最も論理ゲート数が少なくかつ遅延時間も短くなります．次は大小比較で，比較するためには減算が必要となるため，面積が少しだけ大きくなります．剰余を使った二つの例は，面積，遅延時間ともに大幅に大きくなります．プログラム 7.16 のその 2 の方は，if 文で剰余を使い，さらに Q をインクリメント（+1）するために別のところで加算をしているため，加算と除算をひとまとめに行うその 1 よりも大幅に面積，遅延ともに大きくなります．

　では，コンピュータ上のプログラムではどうでしょうか？　パソコンやスマホに用いられているような高性能なプロセッサでは，論理演算，整数の加算/除算でプログラムの実行速度にほぼ影響しません．しかし，第 5 章で扱った RISC-V プロセッサは整数の乗算，除算を実行するハードウェアをもっておらず，乗除算を行った場合には，加減算などで実装されたサブルーチンが実行され，実行速度が大幅に低下します．RISC-V プロセッサで乗除算をハードウェアでサポートする場合は，実装面積が 2 倍程度に膨れてしまい，組込み用途には向きません．

　非力な組込みプロセッサや，ハードウェアの量が遅延時間や電力に影響する HDL による回路設計では，四則演算（特に乗除算）をできるだけ用いずに実装することが重要になります．

　等価比較は，算術演算が不要で，論理演算のみで実装できるためにハードウェア量と速度の面では有利です．しかし，カウンタでは問題が生じにくいですが，条件分岐の記述のミスなどで，等価な値よりも大きな値が入力されてしまった場合の動作が保証されません．少々，回路は大きくなりますが，その点を考慮して大小比較での実装も推奨されます．

7.2.5 `always_ff` を使った FF の記述方法

ここで，先に述べた「文法を守り，シミュレーションもできる記述でも，ハードウェア記述としては正しくなく，論理合成できないか，合成できても動作しないことがある.」の実例をプログラム 7.17 に示します．この記述では，posedge CK の代わりに CK==1 と記述されています．`always_ff` で記述されており，この記述でもシミュレーションはできますが，プログラム 1.3 とは異なる結果となります．さらに，この記述を FPGA ツールである Quartus Prime や ASIC 向けの Design Compiler で論理合成すると，記憶をもたない常に Q=D となる組合せ回路が出力されました．プログラム 7.18 に Design Compiler から出力された Verilog 記述（SystemVerilog ではなく Verilog の文法）を示します．

プログラム 7.17 シミュレーションも論理合成もできるが，フリップフロップとして動作しない記述例

```
1  module flipflop_ng (input logic D, CK, output logic Q);
2    always_ff @(CK == 1)
3      begin
4        Q <= D;
5      end
6  endmodule
```

プログラム 7.18 プログラム 7.17 を Design Compiler で論理合成して得られたネットリスト例

```
1  module flipflop_ng ( D, CK, Q );
2    input D, CK;
3    output Q;
4    wire   D;
5    assign Q = D;
6  endmodule
```

7.2.6 `always` 文と `always_comb`，`always_latch`，`always_ff` 文

Verilog では，`always` 文で，FF やラッチを記述したり，組合せ回路を記述したりすることができました．しかし，SystemVerilog では，先に述べた通り，FF やラッチは `always_ff`，`always_latch` で記述し，組合せ回路は `always_comb` で記述します．`always_ff`，`always_latch` も正しく記述しなければ FF やラッチが生成されないか，Warning や Error となります．また，`always_comb` 文で記述したからといって，ラッチが生成されない

わけではありません．記述の仕方によっては，論理合成時に意図しないラッチが生成されることがあります．

プログラム 7.19 にラッチが生成されてしまう SystemVerilog 記述を示します．case 文に default がないために，ラッチが生成されます．プログラム 7.20 が default 文付きの記述です．本書で用いている Intel 社の Quartus Prime では，エラーとなりますが，ASIC 向けの Synopsys 社の Design Compiler ではエラーとならずラッチが生成されます．ただし，Design Compiler でも下記のような Warning が出力されます．Quartus Prime 同様に Error としてくれればよいのですが，その設定方法はないようです．

```
Warning:  ./systemverilog_always_comb_if.sv:2: Netlist for always_comb
block contains a latch. (ELAB-974)
```

プログラム 7.19 ラッチが生成されるかエラーとなる SystemVerilog 記述（case版）

```
1  module systemverilog_always_latch (input logic [3:0] A, output logic OUT);
2    always_comb
3      case(A)
4        0: OUT = 0;
5        1: OUT = 1;
6       // default: OUT = 0;
7      endcase // case (A)
8  endmodule
```

プログラム 7.20 正しい SystemVerilog 記述（case版）

```
1  module systemverilog_always_comb_full (input logic [3:0] A, output logic OUT);
2    always_comb
3      case(A)
4        0: OUT = 0;
5        1: OUT = 1;
6        default: OUT = 0;
7      endcase // case (A)
8  endmodule
```

論理合成系によっては，if 文が else で終わらないと，すべての入力の状態に対しての条件を書き尽くしても，エラーとなる場合があります．プログラム 7.21 はすべての場合を書き尽くしていても，Quartus Prime ではエラーとなり，Design Compiler ではラッチが生成されます．プログラム 7.22 では，正常に組合せ回路が合成されます．

プログラム 7.21 ラッチが生成されるかエラーとなる SystemVerilog 記述（if版）

```
1  module systemverilog_always_comb_if (input logic [3:0] A, output logic OUT);
2    always_comb
3      if(A == 0)
4        OUT = 0;
5      else if(A == 1)
6        OUT = 1;
7      else if(A == 2)
8        OUT = 0;
9      else if(A == 3)
10       OUT = 1;
11 endmodule
```

プログラム 7.22 正しい SystemVerilog 記述（if版）

```
1  module systemverilog_always_comb_if_with_else (input logic [3:0] A, output logic OUT
     );
2    always_comb
3      if(A == 0)
4        OUT = 0;
5      else if(A == 1)
6        OUT = 1;
7      else if(A == 2)
8        OUT = 0;
9      else if(A == 3)
10       OUT = 1;
11     else
12       OUT = 0;
13 endmodule
```

7.2.7 複数の `always_ff` 文での代入

　プログラム 7.23 のように複数の `always_ff` 文で同じ変数に代入すると，どちらに代入すればよいかわからないため，論理合成はできません．ただし，シミュレーションは問題なく通ります．記述が長くなると間違って書いてしまうことがありますので，注意してください．

プログラム 7.23 複数の `always_ff`での変数への代入

```
1  module always_ff_duplicate (input logic a, b, CK, output logic c);
2    always_ff @(posedge CK)
```

```
3      c <= a;
4   always_ff @(posedge CK)
5      c <= b;
6  endmodule // always_ff_duplicate
```

7.2.8 同一クロックサイクルで複数回の FF の書き換え

ノンブロッキング代入は同時に行われるため，同一クロックサイクルで FF を複数回書き換えると，シミュレーションでも正しく動作しないばかりか，論理合成するとよくわからない回路になります．プログラム 7.24 はその例です．A には，最初に B が代入されていますが，その直後に，A==2 になると，B*4 が代入されています．これも記述が長くなると間違って書いてしまうことがありますので，注意してください．

プログラム 7.25 が修正した記述です．if, else を用いて，同一クロックサイクルでは FF の書き換えは一度になるようにしています．

プログラム 7.24 always_ff で同一クロックサイクルでの代入

```
1  always_ff @(posedge CLK)
2    A <= B;
3    if(A == 2)
4      A <= B * 4;
```

プログラム 7.25 正しい記述

```
1  always_ff @(posedge CLK)
2    if(A != 2)
3      A <= B;
4    else
5      A <= B * 4;
```

7.2.9 parameter と `define

一括して定義したい変数などを定義するために，SystemVerilog では，parameter 文，localparam 文（第 4 章参照）と，`define 文を使うことができます．使い方の例をプログラム 7.26, 7.27 に示します．parameter, localparam と define の大きな違いは次のとおりです．

parameter, localparam　module 内で定義し，変数はその module のローカル変数となります．

`define　定義した直後からその後に読み込まれるすべての記述で有効となります．使用す

る場合には，`（バッククオーテーション）が必要となります．

それぞれに一長一短があります．

プログラム 7.26 parameter文の例

```
1  module parameter_example(input logic [15:0] IN, output logic [15:0] OUT);
2    parameter PARAM=10'd512;
3    assign OUT=IN*PARAM;
4  endmodule // parameter_example
```

プログラム 7.27 define文の例

```
1  `define PARAM 10'd512;
2  module define_example(input logic [15:0] IN, output logic [15:0] OUT);
3    assign OUT=IN*`PARAM;
4  endmodule // define_example
```

第 4 章で説明した通り，parameter では，module を呼び出すときに，値を再定義することが可能です．localparam では再定義できません．たとえば，プログラム 7.28 は，モジュールを呼び出すときに#(. パラメータ名 (値)) で，parameter の値を書き換えています．プログラム 7.29 のように，defparam で書き換える方法もありますが，この記法は，モジュールの呼び出しと parameter の再定義場所が離れてしまうことがあるためか，非推奨で今後はサポートされなくなる可能性があるとのことです [10].

プログラム 7.28 parameter値の再定義方法

```
1  module parameter_update(input logic [31:0] IN, output logic [31:0] OUT);
2    parameter_example  #(.PARAM(10'd256)) I0  (.*);
3  endmodule // parameter_update
```

プログラム 7.29 parameter値の再定義方法（非推奨）

```
1  module parameter_update(input logic [31:0] IN, output logic [31:0] OUT);
2    defparam I0.PARAM=10'd256;
3    parameter_example  I0  (.*);
4  endmodule // parameter_update
```

一方，define はシミュレーション時に，シミュレータに "+define+パラメータ名=値" を引数に与えることで再定義することができますが，論理合成時に再定義することは困難です．定義されて以降，有効となり，複数のモジュールで同じ名前かつ異なる値で定義すると何が起こるか予測できません．しかし，C 言語と同様の`include 文を使って，同じファ

イルをすべてのソースファイルで読み込むなどの使い方には適しています．parameter 文
も package と import を使えば，複数の module で定義を共通化することはできますが，本
書では説明を省きます．

📖 *Column*　Mac 上での Quartus Prime

　筆者は最近，ARM プロセッサになって高速かつ低消費電力となった MacBook Air
を使っています．macOS 上では残念ながら，Quartus Prime は動作しません．しかし，
Parallels Desktop 上の仮想環境の Windows 11 では動作しました．本書で推奨している
QuartusPrime20.1 は，実行の途中でエラーとなりましたが，QuartusPrime21.1 では問
題なく最後まで実行できました．Parallels Desktop も Windows 11 も有償ですが，Mac
ユーザーは試して見る価値ありです．

　書き込みツールが Mac に対応していないため，書き込みまではできませんが，本
書推奨の FPGA ボード EDA-012 向けの Windows 用書き込みツールのソースファイ
ルは販売元のヒューマンデータ社より条件付きで入手可能です．このソースファイル
をもとに Mac 上で動作する書き込みツールを書いてみることも可能でしょう．また，
openFPGALoader という Mac 上でも動作する書き込みツールが，GitHub 上で公開さ
れています．何らかの修正が必要かと思われますが，書き込みに成功した場合にはぜひ
とも筆者までご一報ください．

7.3　まとめ

　本章では，SystemVerilog と Verilog の対比を行い，初心者のみならず上級者もはまって
しまう記述の罠について解説しました．プロセッサ上で動くプログラムのデバッグは比較
的簡単です．RTL のシュミレーションでは $display や $monitor を使ってプログラム
と同様にデバッグすることもできなくはありません．RTL から生成されたネットリストで
のシミュレーションは，入出力ピンの値は $monitor で見ることができます．

　レジスタのインスタンス名は，通常 RTL で定義した名前から取られますが，回路内部の
信号波形を見ても元の RTL との対応を取ることはほぼ不可能です．ましてや，RTL では
正常に動くのにネットリストや FPGA や ASIC 上に実装した回路が正常に動作しない場合
のデバッグは至難の業です．本章での説明が少しでもそれらの不具合の解消に役立てば幸
いです．

おわりに

　本書は，SystemVerilog を使って，FPGA と ASIC を設計する読者に向けて執筆をしました．本書を超えて知識を深めたい方には，下記の本を推薦します．

1. 『FPGA の原理と構成』，天野英晴（編），オーム社
   FPGA をもっと知りたい方におすすめです．
2. 『FPGA プログラミング大全 Xilinx 編』，第 2 版，小林　優（著），秀和システム
   本書は Intel 社製の FPGA で設計していますが，Xilinx 社製の FPGA を使って設計する場合には，本書に加えてこの本も参照することをおすすめします．
3. 『ディジタル回路設計とコンピュータアーキテクチャ［RISC-V 版］』，サラ・L・ハリス（著），デイビッド・ハリス（著），天野英晴，鈴木　貢（翻訳），星雲社
   RISC-V の設計法が，SystemVerilog，VHDL のコード例とともに解説されています．
4. 『集積回路工学』，吉本雅彦（編著），オーム社
   ディジタル集積回路の設計法が学べる教科書です．
5. 『ウェスト&ハリス　CMOS VLSI 回路設計　基礎編，応用編』」，宇佐美公良，池田誠，小林和淑（監訳），丸善出版
   集積回路設計者のバイブル "CMOS VLSI DESIGN: A Circuits and Systems Perspective," Fourth Edition の翻訳です．集積回路の設計を本格的に学びたい方におすすめです．
6. 『LSI 設計常識講座』，名倉　徹（著），東京大学出版会
   集積回路の P&R ツールの EDA ベンダで Synopsys に買収された Avant!の勤務経験もある名倉先生によるオンライン講座「LSI 設計常識講座」を書籍にしたものです．講座の動画は YouTube で観ることができます．

7. 『半導体戦争　世界最重要テクノロジーをめぐる国家間の攻防』，クリス・ミラー（著），
   千葉敏生（翻訳），ダイヤモンド社
   技術書ではありませんが，半導体の勃興期からの歴史がわかります．

　ASIC については設計用の EDA が多岐にわたり，その使い方の説明をするところは本書の内容に含まれていません．ASIC の設計法を学ぶには，東大 d.lab-VDEC が開催しているリフレッシュセミナーに参加するのもよいかもしれません．本書を使ったリフレッシュセミナーも開催を企画中です．

参考文献

[1] 篠塚一也：『SystemVerilog 入門─設計・仕様・検証のためのハードウェア記述言語─』，共立出版（2020）

[2] 小林和淑，池田　誠，越智裕之：『ディジタル集積回路の設計と試作』，培風館（2000）

[3] 坂井修一：『コンピュータアーキテクチャ』，コロナ社（2004）

[4] STARC（監修）：『RTL 設計スタイルガイド Verilog HDL 編─LSI 設計の基本』，培風館（2011）

[5] デイビッド・パターソン，アンドリュー・ウォーターマン：『RISC-V 原典』，日経BP社（2018）

[6] Design Wave Magazine 編集部（編）：『SystemVerilog 設計スタートアップ』，CQ 出版社（2008）

[7] 有限会社ヒューマンデータ，https://www.hdl.co.jp/

[8] 門本淳一郎："一緒に作ろう！　RISC-V マイコンピュータ"，『トランジスタ技術』，2019 年 12 月号，CQ 出版社（2019）

[9] Digilent 社："Pmod Expansion Modules," http://store.digilentinc.com/pmod-modules/

[10] "IEEE Standard for SystemVerilog–Unified Hardware Design, Specification, and Verification Language," in IEEE Std 1800-2017 (Revision of IEEE Std 1800-2012), 22 Feb. 2018, doi: 10.1109/IEEESTD.2018.8299595.

[11] "lowRISC Verilog Coding Style Guide," https://github.com/lowRISC/style-guides/blob/master/VerilogCodingStyle.md

[12] Neil H. E. Weste and David Money Harris: *CMOS VLSI Design: A Circuits and Systems Perspective*, Addison-Wesley (2004)

[13] Intel 社 Quartus Prime, https://www.intel.co.jp/content/www/jp/ja/software/programmable/quartus-prime/overview.html

索　引

執筆者一覧

小林　和淑（こばやし　かずとし）
京都工芸繊維大学 電気電子工学系 教授
博士（工学）（京都大学）
〈おもな著書〉
『CMOS VLSI 回路設計基礎編』『同 応用編』（共訳，丸善出版）
『OHM 大学テキスト　アナログ電子回路』
『OHM 大学テキスト　集積回路工学』（共著，オーム社）
『ディジタル集積回路の設計と試作』（共著，培風館）など.
［担当箇所：監修，1 章，7 章］

寺澤　真一（てらさわ　しんいち）
京都工芸繊維大学，立命館大学，明石工業高等専門学校 非常勤講師
［担当箇所：2 章］

吉河　武文（よしかわ　たけふみ）
富山県立大学 教授
博士（工学）（神戸大学）
経営学修士（MBA）（神戸大学）
〈おもな著書〉
『等価回路でしっかり理解！　詳解電子回路』（共著，オーム社）
［担当箇所：3 章］

塩見　準（しおみ　じゅん）
大阪大学大学院 情報科学研究科 准教授
博士（情報学）（京都大学）
［担当箇所：4 章，6 章］

門本淳一郎（かどもと　じゅんいちろう）
東京大学大学院 情報理工学系研究科 助教
博士（情報理工学）（東京大学）
［担当箇所：5 章］

- 本書の内容に関する質問は、オーム社ホームページの「サポート」から、「お問合せ」の「書籍に関するお問合せ」をご参照いただくか、または書状にてオーム社編集局宛にお願いします。お受けできる質問は本書で紹介した内容に限らせていただきます。なお、電話での質問にはお答えできませんので、あらかじめご了承ください。
- 万一、落丁・乱丁の場合は、送料当社負担でお取替えいたします。当社販売課宛にお送りください。
- 本書の一部の複写複製を希望される場合は、本書扉裏を参照してください。

JCOPY ＜出版者著作権管理機構 委託出版物＞

SystemVerilog による FPGA/ディジタル回路設計入門

2023 年 11 月 25 日　　第 1 版第 1 刷発行

監 修 者　小 林 和 淑
著　　者　小 林 和 淑・寺 澤 真 一・吉 河 武 文
　　　　　塩 見　準・門 本 淳 一 郎
発 行 者　村 上 和 夫
発 行 所　株式会社 オーム社
　　　　　郵便番号　101-8460
　　　　　東京都千代田区神田錦町 3-1
　　　　　電話　03(3233)0641（代表）
　　　　　URL　https://www.ohmsha.co.jp/

© 小林和淑・寺澤真一・吉河武文・塩見　準・門本淳一郎 2023

印刷・製本　三美印刷
ISBN978-4-274-23101-8　Printed in Japan

本書の感想募集　https://www.ohmsha.co.jp/kansou/
本書をお読みになった感想を上記サイトまでお寄せください。
お寄せいただいた方には、抽選でプレゼントを差し上げます。